# Brique d'Euler

© RS, mars 2021

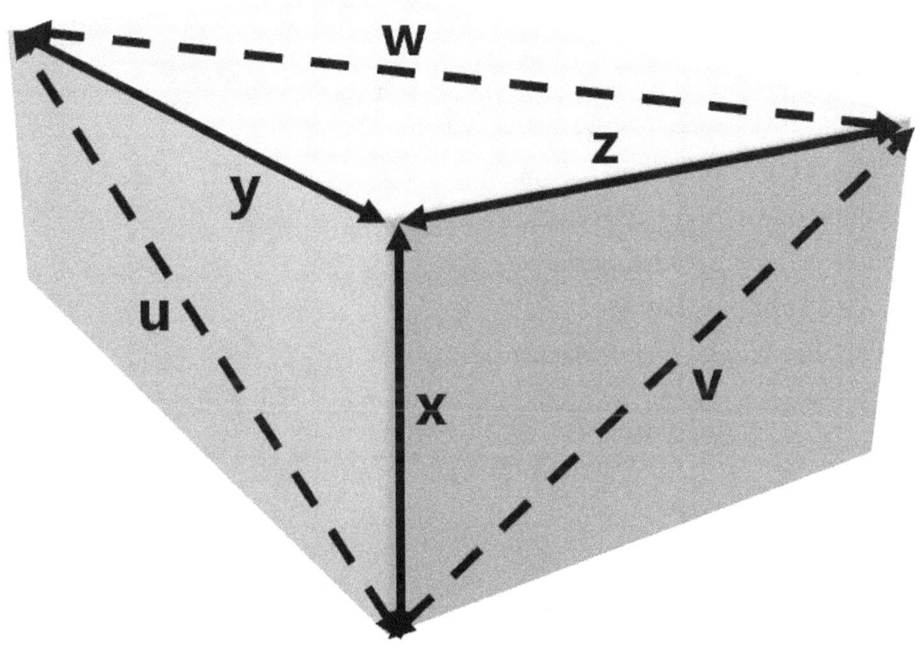

## Table des matières

1. Triplet Pythagoricien ........................................................................................................ 6
   a. Triplet de Fibonacci ................................................................................................ 11
   b. Triplet de Pell ......................................................................................................... 12
   c. Triplet matriciel primitif ......................................................................................... 13
   d. Variante ................................................................................................................... 15
   e. Autres variantes ..................................................................................................... 18
2. Brique d'Euler .................................................................................................................. 21
   a. Existence ................................................................................................................. 23
   b. Solutions triviales ................................................................................................... 24
   c. Solutions connues ................................................................................................... 26
   d. Résolutions ............................................................................................................. 27
   e. Couple de triplets Pythagoriciens .......................................................................... 28
   f. Brique d'Euler paramétrée ...................................................................................... 32
3. Relations des briques d'Euler dépliées à plat .................................................................. 46
4. Perspectives .................................................................................................................... 51
5. Références ....................................................................................................................... 52

"Dans une maison à trois briques, on est souvent à découvert.", Gaëtan Faucer.

"Le plus grand voyageur commence par un pas.
Le plus grand bâtisseur commence par une brique.", Nanan-akassimandou

"La pensée est une brique, plus elle est chaude et tenace,
plus elle anime la vie de la future demeure.", Cogitheur

"Les mots sont les briques d'une langue.", Le Passé Ressuscité, Franz Werfel.

R.S.
14/03/21

A Amélie et Victor,

R.S.
14/03/21

# 1.  Triplet Pythagoricien

Un triplet Pythagoricien est un ensemble de trois entiers qui forment les côtés d'un triangle rectangle (cf. fr.wikipedia.org/wiki/Triplet_pythagoricien). Le fameux théorème de Pythagore nous dit que :

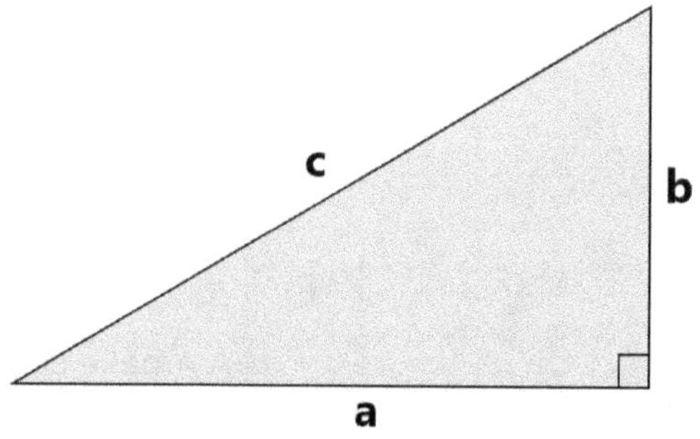



---

**Théorème 1 (Pythagore)** – *L'hypoténuse c d'un triangle dont les côtés a et b forme un angle droit vaut $c^2 = a^2 + b^2$ avec $\{a, b, c\} \in \mathbb{R}^3 \backslash \{0\}$.*

---

Il existe bons nombres de preuves de cet illustre théorème qui foisonnent sur le web. On laisse ici le soin au lecteur qui le souhaite d'en rechercher. Pour définir un triplet Pythagoricien, on ajoute la restriction supplémentaire suivante : les trois côtés du triangle rectangle sont entiers. Soit :

---

**Théorème 2 (Triplet Pythagoricien)** – *Un triplet Pythagoricien est défini par les trois côtés d'un triangle rectangle {a, b, c} dont ces derniers sont entiers.*

*Soit : $c^2 = a^2 + b^2$ avec $\{a, b, c\} \in \mathbb{N}^3 \backslash \{0\}$.*

---

L'existence de triplets Pythagoriciens sera démontrée des exemples ci-après.

En outre, pour garantir cela, il suffit que :

$$\begin{cases} a = kmn \\ b = k\dfrac{m^2 - n^2}{2} \\ c = k\dfrac{m^2 + n^2}{2} \end{cases} avec \begin{cases} n + m \equiv 0 \; mod(2) : n \; et \; m \; de \; même \; parité \; si \; k \; impair \\ m > n \geq 1 \\ k \geq 1 \\ \dfrac{a+b}{k} \equiv 1 \; mod(2) : \dfrac{a}{k} \; et \; \dfrac{b}{k} \; de \; parité \; opposé \\ \dfrac{c}{k} \equiv 1 \; mod(2) : \dfrac{c}{k} \; impair \end{cases}$$

Soit le triplet suivant :

$$\{a; b; c\} = \left\{ kmn; \; k\dfrac{m^2 - n^2}{2}; \; k\dfrac{m^2 + n^2}{2} \right\}$$

Si k=1 et m et n premiers impairs entre eux, alors le triplet est dit primitif. En effet, k>1 permet de calculer des multiples de triplets primitifs. Et si m et n ne sont pas premiers entre eux, alors il existe au moins un multiple commun à m et n qui peut se factoriser et donner lieu à un triplet non primitif puisque multiple de ce multiple factorisé. On vérifie simplement que :

$$(kmn)^2 + \left( k\dfrac{m^2 - n^2}{2} \right)^2 = \left( k\dfrac{m^2 + n^2}{2} \right)^2$$

**Théorème 3 (Euler)** – *Il existe une infinité de triplets Pythagoriciens. Ils sont tous de la forme $\{a; b; c\} = \left\{ kmn; \; k\frac{m^2-n^2}{2}; \; k\frac{m^2+n^2}{2} \right\}$ avec k=1 et m et n premiers impairs entre eux pour les triplets dits primitifs.*

**Corolaire th.3** – *Les triplets Pythagoriciens non primitifs sont tous des multiples de triplets Pythagoriciens primitifs.*

**Preuve –** En effet, par définition les triplets non primitifs sont des multiples des triplets primitifs via la variable entière k>1.

Par exemple :

$$\begin{cases} n = 1 \\ m = 3 \\ k = 1 \end{cases} \rightarrow \begin{cases} a = 3 \\ b = 4 \\ c = 5 \end{cases} \rightarrow 3^2 + 4^2 = 5^2 \rightarrow \{3; 4; 5\}\ est\ un\ triplet\ Pythagoricien\ primitif.$$

Ou encore :

$$\begin{cases} n = 1 \\ m = 3 \\ k = 10 \end{cases} \rightarrow \begin{cases} a = 3 \\ b = 4 \\ c = 5 \end{cases} \rightarrow 30^2 + 40^2 = 50^2 \rightarrow \{30; 40; 50\}\ est\ un\ triplet\ Pythagoricien.$$

Où :

$$\begin{cases} n = 1 \\ m = 2 \\ k = 12 \end{cases} \rightarrow \begin{cases} a = 24 \\ b = 18 \\ c = 30 \end{cases} \rightarrow 24^2 + 18^2 = 30^2 \rightarrow \{18; 24; 30\}\ est\ un\ triplet\ Pythagoricien.$$

**Preuve 1 th.3 –** Tout cela est bien connu depuis longtemps. En voici une preuve à l'aide des nombres complexes de Gauss. Soit un nombre complexe z et son module :

$$z = m + ni \rightarrow |z| = \sqrt{m^2 + n^2}$$

Son carré et le module de son carré valent :

$$z^2 = (m + in)^2 = (m^2 - n^2) + (2nm)i \rightarrow |z^2| = \sqrt{(m^2 - n^2)^2 + (2nm)^2}$$

D'où :

$$|z^2|^2 = (m^2 - n^2)^2 + (2nm)^2 = (m^2 + n^2)^2$$

Si on ajoute un coefficient multiplicateur k et qu'on divise par deux, on obtient bien :

$$\left(\frac{k|z^2|}{2}\right)^2 = \left(k\frac{m^2 - n^2}{2}\right)^2 + (knm)^2 = \left(k\frac{m^2 + n^2}{2}\right)^2$$

On retrouve ainsi notre triplet Pythagoricien.

***Preuve 2 th.3 –*** Une autre façon de prouver cette égalité sans utiliser les nombres complexes consiste de partir des deux identités remarquables suivantes :

$$\begin{cases}(a+b)^2 = a^2 + b^2 + 2ab \\ (a-b)^2 = a^2 + b^2 - 2ab\end{cases} \rightarrow (a+b)^2 - (a-b)^2 = 4ab$$

$$\rightarrow (a-b)^2 + 4ab = (a+b)^2$$

$$\rightarrow (a-b)^2 + \left(2\sqrt{ab}\right)^2 = (a+b)^2$$

$$Et\ avec \begin{cases} a = k\dfrac{m^2}{2} \\ b = k\dfrac{n^2}{2}\end{cases} \rightarrow \left(k\dfrac{m^2 - n^2}{2}\right)^2 + (knm)^2 = \left(k\dfrac{m^2 + n^2}{2}\right)^2$$

De plus, du fait que m et n soient de même parité si k est impair, on pose :

$$\begin{cases} m = 2e\ et\ n = 2f \rightarrow \begin{cases} a = 4kef : pair \\ b = 2k(e^2 - f^2) : pair \\ c = 2k(e^2 + f^2) : pair \end{cases} \\ m = 2e+1\ et\ n = 2f+1 \rightarrow \begin{cases} a = k(2(e + 2ef + f) + 1) : parité\ de\ k, impair \\ b = 2k\big(e(e+1) - f(f+1)\big) : pair \\ c = k\big(2(e(e+1) + f(f+1)) + 1\big) : parité\ de\ k, impair \end{cases}\end{cases}$$

Si m et n sont pairs quel que soit k, le triplet n'est pas primitif puisque multiple d'au moins 4 (=$2^2$).

Et si m et n sont impairs premiers entre eux et k=1 alors le triplet est primitif.

Si k>1 le triplet n'est jamais primitif puisque multiple de k.

Enfin, sachant que :

$$\{a; b; c\} = \left\{kmn; k\dfrac{m^2 - n^2}{2}; k\dfrac{m^2 + n^2}{2}\right\}$$

On sait ordonner les valeurs de ce triplet, indépendamment de k, comme suit :

$$m > n \geq 1 :$$

$$\begin{cases} \boldsymbol{a < b < c} \rightarrow kmn < k\dfrac{m^2 - n^2}{2} \rightarrow \begin{cases} \boldsymbol{m > (\sqrt{2} + 1)n \geq \sqrt{2} + 1 > 2 \rightarrow m \geq 3} \\ (\sqrt{2} - 1)\boldsymbol{m > n \geq 1} \end{cases} \\ \boldsymbol{b < a < c} \rightarrow k\dfrac{m^2 - n^2}{2} < kmn \rightarrow \begin{cases} (\sqrt{2} + 1)\boldsymbol{n > m \geq 2} \\ \boldsymbol{n > (\sqrt{2} - 1)m \geq 2(\sqrt{2} - 1) > 0 \rightarrow n \geq 1} \end{cases} \end{cases}$$

Ainsi, en particulier, on aura toujours b<a<c ssi m=2 et donc n=1 avec k pair, soit :

$$k = 2k' \rightarrow (2.2k')^2 + (3.2k')^2 = (5.2k')^2 \rightarrow 3^2 + 4^2 = 5^2$$

De plus, si le triplet est primitif, on a :

$$\begin{cases} k = 1 \\ m \geq 3 \\ n \geq 1 \\ m \geq n + 2 \end{cases} :$$

$$\begin{cases} \boldsymbol{a < b < c} \rightarrow mn < \dfrac{m^2 - n^2}{2} \rightarrow \begin{cases} \boldsymbol{m > (\sqrt{2} + 1)n \geq \sqrt{2} + 1 > 2 \rightarrow m \geq 3} \\ (\sqrt{2} - 1)\boldsymbol{m > n \geq 1} \end{cases} \\ \boldsymbol{b < a < c} \rightarrow \dfrac{m^2 - n^2}{2} < mn \rightarrow \begin{cases} (\sqrt{2} + 1)\boldsymbol{n > m \geq 3 \rightarrow n > 1 \rightarrow n \geq 3 \rightarrow m \geq 5} \\ \boldsymbol{n > (\sqrt{2} - 1)m \geq 5(\sqrt{2} - 1) > 2 \rightarrow n \geq 3} \end{cases} \end{cases}$$

Ainsi, en particulier, on aura toujours a<b<c ssi n=1. En effet :

$$n = 1 \rightarrow m^2 + \left(\dfrac{m^2 - 1}{2}\right)^2 = \left(\dfrac{m^2 + 1}{2}\right)^2 \rightarrow \begin{cases} 3^2 + 4^2 = 5^2 \ avec \ m = 3 \\ 5^2 + 12^2 = 13^2 \ avec \ m = 5 \end{cases}$$

# a. Triplet de Fibonacci

Il existe également un triplet, qui, certes, ne les englobe pas tous et qui ne sont pas toujours primitifs, mais qui vaut la peine d'être rappelé. En effet, il utilise les fameux nombres de Fibonacci qui sont calculés comme suit :

$$F_0 = F_1 = 1 \ et \ F_{n+1} = F_n + F_{n-1} = \{1; 1; 2; 3; 5; 8; 13; 21; 34; 55; \dots\}$$

Ce triplet vaut :

$$\{a; b; c\} = \{kF_n F_{n+3}; 2kF_{n+1}F_{n+2}; k(F_{n+1}^2 + F_{n+2}^2)\}$$

Il est tout aussi étonnant que merveilleux de découvrir qu'il existe des triplets Pythagoriciens de Fibonacci. Et comme :

$$F_n = \frac{\varphi^n - \left(-\frac{1}{\varphi}\right)^n}{\sqrt{5}} \approx \frac{\varphi^n}{\sqrt{5}} \ avec \ \varphi = \frac{1 + \sqrt{5}}{2} \ le \ nombre \ d'or \ et \ \varphi^2 - \varphi - 1 = 0$$

$$\rightarrow \{a; b; c\} \approx \left\{ k \frac{\varphi^{2n+3}}{5}; 2k \frac{\varphi^{2n+3}}{5}; k \frac{\varphi^{2n+2}}{5}(2 + \varphi) \right\}$$

Soit :

$$\{a; b; c\} = \left\{ \begin{array}{l} \frac{k}{5}\left(\varphi^n - \left(-\frac{1}{\varphi}\right)^n\right)\left(\varphi^{n+3} - \left(-\frac{1}{\varphi}\right)^{n+3}\right); \\[2ex] \frac{2k}{5}\left(\varphi^{n+1} - \left(-\frac{1}{\varphi}\right)^{n+1}\right)\left(\varphi^{n+2} - \left(-\frac{1}{\varphi}\right)^{n+2}\right); \\[2ex] \frac{k}{5}\left(\left(\varphi^{n+1} - \left(-\frac{1}{\varphi}\right)^{n+1}\right)^2 + \left(\varphi^{n+2} - \left(-\frac{1}{\varphi}\right)^{n+2}\right)^2\right) \end{array} \right\}$$

Par exemple :

$$n = 1 \rightarrow \{a; b; c\} = \left\{ \frac{k}{5}15; \frac{2k}{5}10; \frac{k}{5}25 \right\} = \{3k; 4k; 5k\}$$

# b. Triplet de Pell

De même que pour les nombres de Fibonacci, les nombres de Pell forment aussi des triplets Pythagoriciens. Les nombres de Pell sont définis ainsi :

$$P_0 = 0, P_1 = 1 \; et \; P_{n+1} = 2P_n + P_{n-1} = \{0; 1; 2; 5; 12; 29; 70; 169; 408; \dots\}$$

Ce triplet vaut :

$$\{a; b; c\} = \{2kP_nP_{n+1}; k(P_{n+1}^2 - P_n^2); k(P_{n+1}^2 + P_n^2) = kP_{2n+1}\}$$

Il est tout aussi étonnant que merveilleux de découvrir qu'il existe des triplets Pythagoriciens de Pell. Et comme :

$$P_n = \frac{\left(1 + \sqrt{2}\right)^n - \left(1 - \sqrt{2}\right)^n}{2\sqrt{2}} \approx \frac{\left(1 + \sqrt{2}\right)^n}{2\sqrt{2}} \; avec \; \left(1 + \sqrt{2}\right) \; le \; nombre \; d'argent.$$

Par exemple :

$$n = 1 \rightarrow \{a; b; c\} = \{4k; 3k; 5k\}$$

$$n = 2 \rightarrow \{a; b; c\} = \{20k; 21k; 29k\}$$

$$n = 3 \rightarrow \{a; b; c\} = \{120k; 119k; 169k\}$$

# c. Triplet matriciel primitif

Encore plus fort, une autre découverte étonnante fournit tous les triplets Pythagoriciens primitifs avec trois matrices à partir d'un triplet primitif. En effet, on a :

$$Si\ a^2 + b^2 = c^2 \rightarrow \begin{pmatrix} A \\ B \\ C \end{pmatrix} = M \begin{pmatrix} a \\ b \\ c \end{pmatrix} avec\ M = \begin{cases} \begin{pmatrix} 1 & 2 & 2 \\ 2 & 1 & 2 \\ 2 & 2 & 3 \end{pmatrix} ou, \\ \begin{pmatrix} -1 & 2 & 2 \\ -2 & 1 & 2 \\ -2 & 2 & 3 \end{pmatrix} ou, \rightarrow A^2 + B^2 = C^2 \\ \begin{pmatrix} 1 & -2 & 2 \\ 2 & -1 & 2 \\ 2 & -2 & 3 \end{pmatrix} \end{cases}$$

Par exemple :

$$3^2 + 4^2 = 5^2 \rightarrow \begin{pmatrix} A \\ B \\ C \end{pmatrix} = \begin{pmatrix} 1 & 2 & 2 \\ 2 & 1 & 2 \\ 2 & 2 & 3 \end{pmatrix} \begin{pmatrix} 3 \\ 4 \\ 5 \end{pmatrix} = \begin{pmatrix} 21 \\ 20 \\ 29 \end{pmatrix} \rightarrow 20^2 + 21^2 = 29^2$$

$$3^2 + 4^2 = 5^2 \rightarrow \begin{pmatrix} A \\ B \\ C \end{pmatrix} = \begin{pmatrix} -1 & 2 & 2 \\ -2 & 1 & 2 \\ -2 & 2 & 3 \end{pmatrix} \begin{pmatrix} 3 \\ 4 \\ 5 \end{pmatrix} = \begin{pmatrix} 15 \\ 8 \\ 17 \end{pmatrix} \rightarrow 8^2 + 15^2 = 17^2$$

$$3^2 + 4^2 = 5^2 \rightarrow \begin{pmatrix} A \\ B \\ C \end{pmatrix} = \begin{pmatrix} 1 & -2 & 2 \\ 2 & -1 & 2 \\ 2 & -2 & 3 \end{pmatrix} \begin{pmatrix} 3 \\ 4 \\ 5 \end{pmatrix} = \begin{pmatrix} 5 \\ 12 \\ 13 \end{pmatrix} \rightarrow 5^2 + 12^2 = 13^2$$

En répétant la même opération avec les 3 triplets trouvés, on trouve 3 nouveaux triplets pour chacun, soit 9 de plus et ainsi de suite. On a ainsi une méthode pour connaître tous les triplets Pythagoriciens.

***Preuve –*** Il suffit de vérifier l'égalité du triplet avec chacune des trois matrices M. Soit pour la première :

$$A^2 + B^2 = C^2 = (a + 2b + 2c)^2 + (2a + b + 2c)^2 = (2a + 2b + 3c)^2$$

On développe chaque membre :

$$5(a^2 + b^2) + 8ab + 12ac + 12bc + 8c^2 = (2a + 2b + 3c)^2$$
$$= 4(a^2 + c^2) + 8ab + 12ac + 12bc + 9c^2$$

$$a^2 + b^2 = c^2$$
$$\rightarrow 13c^2 + 8ab + 12ac + 12bc + 8c^2 = (2a + 2b + 3c)^2 = 13c^2 + 8ab + 12ac + 12bc$$

Et on procède de même avec les deux autres matrices M pour constater les égalités.

■

Berggren a même démontré en 1934 que toute combinaison de produits des trois matrices M possibles aboutie à un triplet Pythagoricien primitif. Par exemple :

$$3^2 + 4^2 = 5^2 \rightarrow \begin{pmatrix} A \\ B \\ C \end{pmatrix} = \begin{pmatrix} 1 & 2 & 2 \\ 2 & 1 & 2 \\ 2 & 2 & 3 \end{pmatrix} \begin{pmatrix} -1 & 2 & 2 \\ -2 & 1 & 2 \\ -2 & 2 & 3 \end{pmatrix} \begin{pmatrix} 3 \\ 4 \\ 5 \end{pmatrix} = \begin{pmatrix} 65 \\ 72 \\ 97 \end{pmatrix} \rightarrow 65^2 + 72^2 = 97^2$$

$$3^2 + 4^2 = 5^2 \rightarrow \begin{pmatrix} A \\ B \\ C \end{pmatrix} = \begin{pmatrix} 1 & -2 & 2 \\ 2 & -1 & 2 \\ 2 & -2 & 3 \end{pmatrix} \begin{pmatrix} -1 & 2 & 2 \\ -2 & 1 & 2 \\ -2 & 2 & 3 \end{pmatrix} \begin{pmatrix} 3 \\ 4 \\ 5 \end{pmatrix} = \begin{pmatrix} 33 \\ 56 \\ 65 \end{pmatrix} \rightarrow 33^2 + 56^2 = 65^2$$

# d. Variante

On remarque que :

$$2c^2 - (a^2 + b^2) = c^2 - b^2 + c^2 - a^2$$
$$= (c - b)(c + b) + (c - a)(c + a) = c^2 \; si : a^2 + b^2 = c^2$$

On a donc la somme de deux nombres composés valant un carré. Soit en inversant les paramètres, il vient par identification :

$$AB + CD = c^2 \rightarrow \begin{cases} a = \dfrac{D - C}{2} \\ b = \dfrac{B - A}{2} \\ c = \dfrac{A + B}{2} = \dfrac{C + D}{2} \end{cases}$$

$$\rightarrow a^2 + b^2 = c^2 \; si \begin{cases} B = 2k + A \; avec \; k \geq 1 \\ D = 2j + C \; avec \; j \geq 1 \\ A + B = C + D \rightarrow A + k = C + j \end{cases}$$

$$\rightarrow \begin{cases} k = \dfrac{C + D}{2} - A = c - A \\ j = \dfrac{A + B}{2} - C = c - C \end{cases}$$

En aparté, il existe une solution réelle non entière :

$$AB + CD = \left(\dfrac{A + B}{2}\right)\left(\dfrac{C + D}{2}\right) \rightarrow \begin{cases} A = (2 - \sqrt{3})D \\ B = (2 + \sqrt{3})D \end{cases} \rightarrow \begin{cases} b = \sqrt{3}D \\ c = 2D \\ a = \sqrt{c^2 - b^2} = D \end{cases}$$

Par exemple :

$$\begin{cases} A = 1, C = 2 \\ B = 9, D = 8 \end{cases} \rightarrow \begin{cases} 1 + 9 = 2 + 8 = 10 \\ 1.9 + 2.8 = 25 = 5^2 \end{cases} \rightarrow 3^2 + 4^2 = 5^2$$

Où :

$$\begin{cases} A = 9, C = 2 \\ B = 25, D = 32 \end{cases} \rightarrow \begin{cases} 9 + 25 = 2 + 32 = 34 \\ 9.25 + 2.32 = 289 = 17^2 \end{cases} \rightarrow 15^2 + 8^2 = 17^2$$

Mais la difficulté réside dans le choix de A, B, C et D pour tomber sur un carré. On va donc partir du carré de c pour trouver les autres valeurs :

$$\begin{cases} AB + CD = c^2 \\ A + B = C + D = 2c \end{cases} \rightarrow \begin{cases} 3 \le AB \le c^2 - 3 \rightarrow \begin{cases} A < B \\ 3 \le B \le c^2 - 3 \\ 1 \le A \le \dfrac{c^2}{3} - 1 \end{cases} \\ 3 \le CD \le c^2 - 3 \rightarrow \begin{cases} C < D \\ 3 \le D \le c^2 - 3 \\ 1 \le C \le \dfrac{c^2}{3} - 1 \end{cases} \end{cases}$$

On est face à un système non linéaire d'inéquations à 4 inconnues. Par exemple :

$$c = 5 \rightarrow \begin{cases} AB + CD = 25 \\ A + B = C + D = 10 \end{cases} \rightarrow \begin{cases} 3 \le AB \le 22 \rightarrow \begin{cases} A < B \\ 3 \le B \le 22 \\ 1 \le A \le \dfrac{22}{3} \approx 7,33 \end{cases} \\ 3 \le CD \le 22 \rightarrow \begin{cases} C < D \\ 3 \le D \le 22 \\ 1 \le C \le \dfrac{22}{3} \approx 7,33 \end{cases} \end{cases}$$

$$\rightarrow \{A, B, C, D\} = \{1,9,2,8\} \rightarrow \begin{cases} a = \dfrac{D - C}{2} = 3 \\ b = \dfrac{B - A}{2} = 4 \end{cases} \rightarrow 3^2 + 4^2 = 5^2$$

Autres exemples :

$$c = 10 \rightarrow \{A, B, C, D\} = \{2,18,4,16\} \rightarrow \{a, b, c\} = \{6,8,10\} \rightarrow 6^2 + 8^2 = 10^2$$

$$c = 13 \rightarrow \{A, B, C, D\} = \{1,25,8,18\} \rightarrow \{a, b, c\} = \{12,5,13\} \rightarrow 5^2 + 12^2 = 13^2$$

$$c = 15 \rightarrow \{A, B, C, D\} = \{3,27,6,24\} \rightarrow \{a, b, c\} = \{12,9,15\} \rightarrow 9^2 + 12^2 = 15^2$$

$$c = 17 \rightarrow \{A, B, C, D\} = \{2,32,9,25\} \rightarrow \{a, b, c\} = \{15,8,17\} \rightarrow 8^2 + 15^2 = 17^2$$

$$c = 20 \rightarrow \{A, B, C, D\} = \{4,36,8,32\} \rightarrow \{a, b, c\} = \{16,12,20\} \rightarrow 12^2 + 16^2 = 20^2$$

$$c = 25 \rightarrow \begin{cases} \{A,B,C,D\} = \{1,49,18,32\} \rightarrow \{a,b,c\} = \{24,7,25\} \rightarrow 7^2 + 24^2 = 25^2 \\ \{A,B,C,D\} = \{5,45,10,40\} \rightarrow \{a,b,c\} = \{20,15,25\} \rightarrow 15^2 + 20^2 = 25^2 \end{cases}$$

Malheureusement, on ne peut pas extraire une formulation générale. On doit donc à chaque fois, en fonction du carré c choisi, résoudre les inéquations à 4 inconnues précédentes. En revanche, la bonne nouvelle vient du fait que pour une valeur c choisie initialement, il peut y avoir plusieurs solutions et donc plusieurs triplets. De plus, si c est pair le ou les triplets ne seront jamais primitifs. Mais malheureusement, si c est choisi impair le ou les triplets ne seront pas forcément primitifs. Cette nouvelle méthode, n'est finalement pas une si bonne alternative à la merveilleuse solution d'Euler.

# e. Autres variantes

On a vu qu'il existe une variété d'équations pour calculer les triplets Pythagoriciens. En voici quelques-unes qui englobe qu'une partie des triplets Pythagoriciens primitifs :

$$\begin{cases} (2n+1)^2 + \big(2n(n+1)\big)^2 = (2n(n+1)+1)^2 \\ \big(4(n+1)\big)^2 + \big((2n+1)(2n+3)\big)^2 = (4n(n+2)+5)^2 \\ \big(4(2n+3)\big)^2 + \big((2n+1)(2n+5)\big)^2 = (4n(n+3)+13)^2 \\ \quad\dots \end{cases}$$

Ces équations à la fois sont simples à vérifier et à trouver par observation des triplets Pythagoriciens primitifs dont a≤100. On en dénombre d'ailleurs 98, à savoir :

| a | b | c | a impair < b pair et c=b+1 $(2n+1)^2 + (2n(n+1))^2 = (2n(n+1)+1)^2$ | a pair < b impair et c=b+2 $(4(n+1))^2 + ((2n+1)(2n+3))^2 = (4n(n+2)+5)^2$ | a pair < b impair et c=b+8 $(4(2n+3))^2 + ((2n+1)(2n+5))^2 = (4n(n+3)+13)^2$ | a impair < b pair et c=b+9 ? | a pair < b impair et c=b+18 ? | a impair < b pair et c=b+25 ? | a pair < b impair et c=b+32 ? | |
|---|---|---|---|---|---|---|---|---|---|---|
| 3 | 4 | 5 | x | | | | | | | |
| 5 | 12 | 13 | x | | | | | | | |
| 7 | 24 | 25 | x | | | | | | | |
| 8 | 15 | 17 | | x | | | | | | |
| 9 | 40 | 41 | x | | | | | | | |
| 11 | 60 | 61 | x | | | | | | | |
| 12 | 35 | 37 | | x | | | | | | |
| 13 | 84 | 85 | x | | | | | | | |
| 15 | 112 | 113 | x | | | | | | | |
| 16 | 63 | 65 | | x | | | | | | |
| 17 | 144 | 145 | x | | | | | | | |
| 19 | 180 | 181 | x | | | | | | | |
| 20 | 21 | 29 | | | x | | | | | |
| 20 | 99 | 101 | | x | | | | | | |
| 21 | 220 | 221 | x | | | | | | | |
| 23 | 264 | 265 | x | | | | | | | |
| 24 | 143 | 145 | | x | | | | | | |
| 25 | 312 | 313 | x | | | | | | | |
| 27 | 364 | 365 | x | | | | | | | |
| 28 | 45 | 53 | | | x | | | | | |
| 28 | 195 | 197 | | x | | | | | | |
| 29 | 420 | 421 | x | | | | | | | |
| 31 | 480 | 481 | x | | | | | | | |
| 32 | 255 | 257 | | x | | | | | | |
| 33 | 56 | 65 | | | | x | | | | |
| 33 | 544 | 545 | x | | | | | | | |
| 35 | 612 | 613 | x | | | | | | | |
| 36 | 77 | 85 | | | x | | | | | |
| 36 | 323 | 325 | | x | | | | | | |
| 37 | 684 | 685 | x | | | | | | | |
| 39 | 80 | 89 | | | | x | | | | |
| 39 | 760 | 761 | x | | | | | | | |
| 40 | 399 | 401 | | x | | | | | | |
| 41 | 840 | 841 | x | | | | | | | |

## BRIQUE D'EULER

| a | b | c | a impair < b pair et c=b+1<br>$(2n+1)^2 + (2n(n+1))^2 = (2n(n+1)+1)^2$ | a pair < b impair et c=b+2<br>$(4(n+1))^2 + ((2n+1)(2n+3))^2 = (4n(n+2)+5)^2$ | a pair < b impair et c=b+8<br>$(4(2n+3))^2 + ((2n+1)(2n+5))^2 = (4n(n+3)+13)^2$ | a impair < b pair et c=b+9<br>? | a pair < b impair et c=b+18<br>? | a impair < b pair et c=b+25<br>? | a pair < b impair et c=b+32<br>? | ... |
|---|---|---|---|---|---|---|---|---|---|---|
| 43 | 924 | 925 | x | | | | | | | |
| 44 | 117 | 125 | | | x | | | | | |
| 44 | 483 | 485 | | x | | | | | | |
| 45 | 1012 | 1013 | x | | | | | | | |
| 47 | 1104 | 1105 | x | | | | | | | |
| 48 | 55 | 73 | | | | | x | | | |
| 48 | 575 | 577 | | x | | | | | | |
| 49 | 1200 | 1201 | x | | | | | | | |
| 51 | 140 | 149 | | | | x | | | | |
| 51 | 1300 | 1301 | x | | | | | | | |
| 52 | 165 | 173 | | | x | | | | | |
| 52 | 675 | 677 | | x | | | | | | |
| 53 | 1404 | 1405 | x | | | | | | | |
| 55 | 1512 | 1513 | x | | | | | | | |
| 56 | 783 | 785 | | x | | | | | | |
| 57 | 176 | 185 | | | | x | | | | |
| 57 | 1624 | 1625 | x | | | | | | | |
| 59 | 1740 | 1741 | x | | | | | | | |
| 60 | 91 | 109 | | | | | x | | | |
| 60 | 221 | 229 | | | x | | | | | |
| 60 | 899 | 901 | | x | | | | | | |
| 61 | 1860 | 1861 | x | | | | | | | |
| 63 | 1984 | 1985 | x | | | | | | | |
| 64 | 1023 | 1025 | | x | | | | | | |
| 65 | 72 | 97 | | | | | | x | | |
| 65 | 2112 | 2113 | x | | | | | | | |
| 67 | 2244 | 2245 | x | | | | | | | |
| 68 | 285 | 293 | | | x | | | | | |
| 68 | 1155 | 1157 | | x | | | | | | |
| 69 | 260 | 269 | | | | x | | | | |
| 69 | 2380 | 2381 | x | | | | | | | |
| 71 | 2520 | 2521 | x | | | | | | | |
| 72 | 1295 | 1297 | | x | | | | | | |
| 73 | 2664 | 2665 | x | | | | | | | |

| a | b | c | a impair < b pair et c=b+1 $(2n+1)^2 + (2n(n+1))^2 = (2n(n+1)+1)^2$ | a pair < b impair et c=b+2 $(4(n+1))^2 + ((2n+1)(2n+3))^2 = (4n(n+2)+5)^2$ | a pair < b impair et c=b+8 $(4(2n+3))^2 + ((2n+1)(2n+5))^2 = (4n(n+3)+13)^2$ | a impair < b pair et c=b+9 ? | a pair < b impair et c=b+18 ? | a impair < b pair et c=b+25 ? | a pair < b impair et c=b+32 ? | |
|---|---|---|---|---|---|---|---|---|---|---|
| 75 | 308 | 317 | | | | x | | | | |
| 75 | 2812 | 2813 | x | | | | | | | |
| 76 | 357 | 365 | | | x | | | | | |
| 76 | 1443 | 1445 | | x | | | | | | |
| 77 | 2964 | 2965 | x | | | | | | | |
| 79 | 3120 | 3121 | x | | | | | | | |
| 80 | 1599 | 1601 | | x | | | | | | |
| 81 | 3280 | 3281 | x | | | | | | | |
| 83 | 3444 | 3445 | x | | | | | | | |
| 84 | 187 | 205 | | | | | x | | | |
| 84 | 437 | 445 | | | x | | | | | |
| 84 | 1763 | 1765 | | x | | | | | | |
| 85 | 132 | 157 | | | | | | x | | |
| 85 | 3612 | 3613 | x | | | | | | | |
| 87 | 3784 | 3785 | x | | | | | | | |
| 88 | 105 | 137 | | | | | | | x | |
| 88 | 1935 | 1937 | | x | | | | | | |
| 89 | 3960 | 3961 | x | | | | | | | |
| 91 | 4140 | 4141 | x | | | | | | | |
| 92 | 525 | 533 | | | x | | | | | |
| 92 | 2115 | 2117 | | x | | | | | | |
| 93 | 4324 | 4325 | x | | | | | | | |
| 95 | 168 | 193 | | | | | | x | | |
| 95 | 4512 | 4513 | x | | | | | | | |
| 96 | 247 | 265 | | | | | x | | | |
| 96 | 2303 | 2305 | | x | | | | | | |
| 97 | 4704 | 4705 | x | | | | | | | |
| 99 | 4900 | 4901 | x | | | | | | | |
| 100 | 621 | 629 | | | x | | | | | |
| 100 | 2499 | 2501 | | x | | | | | | |
| **TOTAL** | | | 49 | 24 | 11 | 6 | 4 | 3 | 1 | |
| **TOTAUX** | | | 98 | avec a <= 100 | | | | | | |

Intéressons-nous maintenant à un problème qui n'a pas encore été démontré.

# 2. Brique d'Euler

Une brique d'Euler est un cube dont les côtés sont les deux premières valeurs d'un triplet Pythagoricien (cf. fr.wikipedia.org/wiki/Brique_d%27Euler). On a donc les relations suivantes :

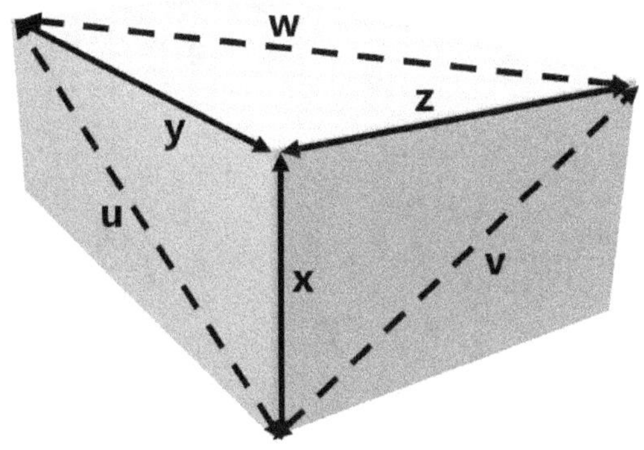


---

***Théorème 4*** *– Une brique d'Euler est un cube dont les côtés {x, y, z} sont des triplets Pythagoriciens entre eux. On dit que {x ,y ,z} forme une brique d'Euler.*

---

L'existence de briques d'Euler sera démontrée par des exemples ci-après. Ainsi, on a :

$$x \neq y \neq z \rightarrow \begin{cases} x^2 + y^2 = u^2 \\ x^2 + z^2 = v^2 \\ y^2 + z^2 = w^2 \end{cases} avec \ \{x; y; z; u; v; w\} \in \mathbb{N}^6 \backslash \{0\}$$

---

***Théorème 5*** *– Si {x ,y ,z} forme une brique d'Euler alors {xz ,yz ,xy} aussi.*

---

***Preuve th.5*** **–** Il suffit de multiplier dans la brique initiale, la 1ère ligne par $z^2$, la 2nde par $y^2$ et la 3ième par $x^2$. Soit :

$$x \neq y \neq z : \begin{cases} (xz)^2 + (yz)^2 = (uz)^2 \\ (xy)^2 + (yz)^2 = (vy)^2 \\ (xy)^2 + (xz)^2 = (xw)^2 \end{cases} avec \ \{x; y; z; u; v; w\} \in (\mathbb{N} - \{0\})^6$$

■

En reprenant la solution précédente d'un triplet Pythagoricien et ainsi garantir que les valeurs soient bien entières, on obtient la brique d'Euler suivante :

$$\begin{cases} x = knm \\ y = k\dfrac{m^2 - n^2}{2} \\ u = k\dfrac{m^2 + n^2}{2} \end{cases} \rightarrow \begin{cases} (knm)^2 + \left(k\dfrac{m^2 - n^2}{2}\right)^2 = \left(k\dfrac{m^2 + n^2}{2}\right)^2 : Toujours\ vrai \\[4mm] (knm)^2 + z^2 = v^2 \rightarrow \begin{cases} knm = ipq \\ z = i\dfrac{p^2 - q^2}{2} \quad avec\ i \geq 1 \\ v = i\dfrac{p^2 + q^2}{2} \end{cases} \\[4mm] \left(k\dfrac{m^2 - n^2}{2}\right)^2 + z^2 = w^2 \rightarrow \begin{cases} k\dfrac{m^2 - n^2}{2} = jst \\ z = j\dfrac{s^2 - t^2}{2} = i\dfrac{p^2 - q^2}{2} \quad avec\ j \geq 1 \\ w = j\dfrac{s^2 + t^2}{2} \end{cases} \end{cases}$$

On a donc affaire à trois triplets Pythagoriciens, primitifs ou non, entremêlés. On recherche donc toutes les solutions entières du triplet suivant :

$$\{x; y; z\} = \left\{ knm; k\dfrac{m^2 - n^2}{2}; j\dfrac{s^2 - t^2}{2} = i\dfrac{p^2 - q^2}{2} \right\}$$

L'objectif consiste donc à fixer n, m et k et de trouver ensuite j, s et t ou i, p et q, s'ils existent, pour obtenir toutes les solutions des briques d'Euler. A ce jour, aucune formulation regroupant toutes les solutions n'a été démontrée. Mais plusieurs formulations incomplètes existent.

# a. Existence

Tout d'abord, existe-t-il bien des briques d'Euler ? Oui, par test numérique, on en trouve plusieurs. Par exemple :

$$\{x; y; z\} = \{85; 132; 720\}$$

$$Avec \begin{cases} \{x; y; u\} = \{85; 132; 157\} \; avec \; k = 1 \\ \{x; z; v\} = \{132; 720; 732\} \; issu \; de \; \{11; 60; 61\} \; avec \; k = 12 \\ \{y; z; w\} = \{85; 720; 725\} \; issu \; de \; \{17; 144; 145\} \; avec \; k = 5 \end{cases}$$

Ou encore la plus petite brique entière :

$$\{x; y; z\} = \{44; 117; 240\}$$

$$Avec \begin{cases} \{x; y; u\} = \{44; 117; 125\} \; avec \; k = 1 \\ \{x; z; v\} = \{117; 240; 267\} \; issu \; de \; \{39; 80; 89\} \; avec \; k = 3 \\ \{y; z; w\} = \{44; 240; 244\} \; issu \; de \; \{11; 60; 61\} \; avec \; k = 4 \end{cases}$$

On verra qu'il existe en fait une infinité de briques d'Euler primitives et par conséquent non primitives également.

# b.Solutions triviales

Existe-t-il des solutions triviales ? Non, car en particulier :

$$Si \begin{cases} p = m \\ q = n \end{cases} \rightarrow k = i$$

$$\rightarrow 2 \text{ côtés identiques : pas de triplet possible dans un carré} \rightarrow \begin{cases} \boldsymbol{p \neq m} \\ \boldsymbol{q \neq n} \end{cases}$$

En effet :

$$Si\ a = b \rightarrow a^2 + a^2 = c^2 \rightarrow c = a\sqrt{2} \notin \mathbb{N}$$

Ou alors :

$$Si \begin{cases} p = s \\ q = t \end{cases} \rightarrow i = j \rightarrow \frac{m^2 - n^2}{2} = nm$$

$$\rightarrow n = (-1 \pm \sqrt{2})m \notin \mathbb{N} : \text{Pas de solutions entières} \rightarrow \begin{cases} \boldsymbol{p \neq s} \\ \boldsymbol{q \neq t} \end{cases}$$

Et :

$$Si \begin{cases} m = s \\ n = t \end{cases} \rightarrow k\frac{m^2 - n^2}{2} = jnm$$

$$\rightarrow \begin{cases} si\ k = j \rightarrow n = (-1 \pm \sqrt{2})m \notin \mathbb{N} \rightarrow \text{Pas de solutions entières} \rightarrow \begin{cases} m \neq s \\ n \neq t \end{cases} \\ si\ k \neq j \rightarrow j = k\frac{m^2 - n^2}{2nm} \in \mathbb{N} \text{ si la division est entière} \end{cases}$$

Encore faut-il bien avoir :

$$\begin{cases} \left(k\frac{m^2 - n^2}{2}\right)^2 + \left(j\frac{m^2 - n^2}{2}\right)^2 = \left(j\frac{m^2 + n^2}{2}\right)^2 \rightarrow vrai\ ssi : k\frac{m^2 - n^2}{2} = jmn \\ (knm)^2 + \left(j\frac{m^2 - n^2}{2}\right)^2 = v^2 \\ \rightarrow v = knm\sqrt{1 + \left(\frac{m^2 - n^2}{2nm}\right)^4} = \frac{k}{4mn}\sqrt{m^8 + n^8 - 2(2(m^4 + n^4) - 11m^2n^2)m^2n^2} \end{cases}$$

Or, il semble que sous cette forme v ne puisse pas être entier. D'où :

$$Si \begin{cases} m = s \\ n = t \end{cases} \rightarrow k\frac{m^2 - n^2}{2} = jnm \rightarrow Pas\ de\ solutions\ entières \rightarrow \begin{cases} \boldsymbol{m \neq s} \\ \boldsymbol{n \neq t} \end{cases}$$

Il n'y a donc pas de solutions triviales de ces formes-là.

# c. Solutions connues

**Euler** a démontré en 1772 que :

$$Avec\ m > 1 :$$

$$\{x, y, z\} = \{8m(m^4 - 1); (m^2 - 1)(m^4 - 14m^2 + 1); 2m(3m^4 - 10m^2 + 3)\}$$

En effet :

$$\begin{cases} \left(8m(m^4 - 1)\right)^2 + \left((m^2 - 1)(m^4 - 14m^2 + 1)\right)^2 = (m^6 + 17m^2(m^2 - 1) - 1)^2 \\ \left(8m(m^4 - 1)\right)^2 + \left(2m(3m^4 - 10m^2 + 3)\right)^2 = \left(2m(5m^4 - 6m^2 + 5)\right)^2 \\ \left((1 - m^2)(m^4 - 14m^2 + 1)\right)^2 + \left(2m(3m^4 - 10m^2 + 3)\right)^2 = ((m^2 + 1)^3)^2 \end{cases}$$

Par exemple :

$$m = 2 \rightarrow \{x, y, z\} = \{240; 117; 44\}$$

Et sous forme paramétrée, **Sounderson** a démontré que :

$$\{x, y, z\} = \{a|4b^2 - c^2|; b|4a^2 - c^2|; 4abc\}\ avec\ a^2 + b^2 = c^2$$

Car ;

$$\begin{cases} (a|4b^2 - c^2|)^2 + (b|4a^2 - c^2|)^2 = (c^3)^2 \\ (a|4b^2 - c^2|)^2 + (4abc)^2 = \left(a(4b^2 + c^2)\right)^2 \\ (b|4a^2 - c^2|)^2 + (4abc)^2 = \left(b(4a^2 + c^2)\right)^2 \end{cases}$$

Par exemple :

$$\begin{cases} a = 3 \\ b = 4 \\ c = 5 \end{cases} \rightarrow \{x, y, z\} = \{117; 44; 240\}\ avec\ 3^2 + 4^2 = 5^2$$

Ces deux solutions sont remarquables mais malheureusement n'incluent pas toutes les solutions.

# d.Résolutions

Comment alors résoudre ce problème de brique d'Euler entière ? Si on choisit les valeurs d'un triplet avec ses paramètres {n, m, k}, on connait u et il reste à calculer {i, j, p, q, r, s}. On cherche donc à résoudre le système d'équations à 6 inconnues suivant :

$$\begin{cases} knm = ipq \\ k(m^2 - n^2) = 2jst \\ j(s^2 - t^2) = i(p^2 - q^2) \\ k^2(m^2 - n^2)^2 + i^2(p^2 - q^2)^2 = j^2(s^2 + t^2)^2 \end{cases} \quad avec \begin{cases} p \neq m \neq s \\ q \neq n \neq t \end{cases}$$

N'importe quelle équation parmi les 3 dernières peut être déduite des 2 autres. En d'autres termes, une des 3 dernières équations est redondante.

# e. Couple de triplets Pythagoriciens

Pour résoudre ce système graduellement, on cherche tout d'abord une brique avec seulement un côté commun entier. Soit le système à 2 triplets primitifs suivant :

$$\begin{cases} x^2 + y^2 = u^2 \\ y^2 + z^2 = v^2 \end{cases} avec\ x \neq z$$

Si ces deux triplets sont primitifs, on a :

$$\begin{cases} (mn)^2 + \left(\dfrac{m^2 - n^2}{2}\right)^2 = \left(\dfrac{m^2 + n^2}{2}\right)^2 \\ (pq)^2 + \left(\dfrac{p^2 - q^2}{2}\right)^2 = \left(\dfrac{p^2 + q^2}{2}\right)^2 \end{cases} avec\ mn = pq\ et \begin{cases} m^2 - n^2 \neq p^2 - q^2 \\ m^2 + n^2 \neq p^2 + q^2 \end{cases}$$

Il suffit ainsi par exemple de choisir :

$$\begin{cases} p = mn \\ q = 1 \end{cases} :$$

$$\begin{cases} (mn)^2 + \left(\dfrac{m^2 - n^2}{2}\right)^2 = \left(\dfrac{m^2 + n^2}{2}\right)^2 \\ (mn)^2 + \left(\dfrac{(mn)^2 - 1}{2}\right)^2 = \left(\dfrac{(mn)^2 + 1}{2}\right)^2 \end{cases}$$

$$Avec \begin{cases} m^2 - n^2 \neq (mn)^2 - 1 \rightarrow n \neq 1 \rightarrow n > 1 \\ m^2 + n^2 \neq (mn)^2 + 1 \rightarrow \begin{cases} m \neq 1 \rightarrow m > 1 \\ n \neq 1 \rightarrow n > 1 \end{cases} \end{cases}$$

A noter que le cas où $\dfrac{p^2 - q^2}{2} = mn$ est impossible puisque le membre de gauche est toujours pair, avec {p, q} impairs, tandis que celui de droite est toujours impair avec {m, n} impairs. En revanche si le 1er triplet n'est pas primitif, alors mn peut être pair et il existe alors des solutions dans ce cas. Comme on reste ici dans le cas de triplets joints primitifs, on ignore ce cas.

Et plus généralement, on a :

$$mn = pq \text{ et } \begin{cases} m \neq p > q \neq n \\ m > \sqrt{mn} > n \\ p > \sqrt{pq} > q \\ si\ m > p \rightarrow q > n \\ si\ m < p \rightarrow q < n \\ mn = \displaystyle\prod_{g \in P} g^{v_g(m)} \prod_{g \in P} g^{v_g(n)} \\ pq = \displaystyle\prod_{g \in P} g^{v_g(p)} \prod_{g \in P} g^{v_g(q)} \\ g : nombre\ 1er\ impair \end{cases}$$

Le nombre de triplets joints possibles en fonction de m et n est calculable.

---

**Théorème 6** – *Le nombre de triplets Pythagoriciens primitifs avec un côté commun vaut :*

$$T(mn) = \begin{cases} \dfrac{d(mn)}{2}\ si\ d(mn)\ pair \\ \dfrac{d(mn) - 1}{2}\ si\ d(mn)\ impair \end{cases} = \left\lfloor \frac{d(mn)}{2} \right\rfloor = \left\lfloor \frac{1}{2} \prod_{g \in P} (v_g(m) + v_g(n) + 1) \right\rfloor$$

*d(mn) représente le nombre de diviseurs de mn.*

---

**Preuve** – En effet, le nombre de diviseurs de mn, d(mn), indique le nombre de possibilités d'écrire mn sous forme d'un produit de deux nombres. Il suffit ensuite de diviser par deux pour garder uniquement les cas ou m>n (correspondant à m>√(mn)).

A noter, qu'on a en particulier :

$$Si\ \{m; n\}\ premiers \rightarrow T(mn) = \frac{d(m^1 n^1)}{2} = \frac{d(m)d(n)}{2} = \frac{(1+1)(1+1)}{2} = 2$$

$$\rightarrow \begin{cases} p = mn \\ q = 1 \end{cases} : 1\ seule\ solution.$$

$$Et\ si\ d(mn)\ impair \rightarrow mn = j^2 \rightarrow T(mn) = \left\lfloor \frac{d(mn)}{2} \right\rfloor$$

On supprime ainsi le cas ou m=n=j, qui est impossible pour un triplet car m≠n, plus précisément m>n.

De plus, le nombre de couples de triplets joints par un côté est également calculable.

---

**Théorème 7** – *Le nombre de couples triplets Pythagoriciens primitifs avec un côté commun vaut :*

$$CT(mn) = \frac{(T(mn) - 1)T(mn)}{2} = \begin{cases} \dfrac{(d(mn) - 2)d(mn)}{8} \; si \; d(mn) \; pair \\ \dfrac{(d(mn) - 3)(d(mn) - 1)}{8} \; si \; d(mn) \; impair \end{cases}$$

---

**Preuve** – Connaissant le nombre de triplets avec un côté commun, en en choisissant un pour fixer m et n parmi eux, il reste donc ce nombre moins un de cas différents pour fixer p et q. On a donc :

$$CT(mn) = (T(mn) - 1) + (T(mn) - 2) + \cdots + 1 = \frac{(T(mn) - 1)T(mn)}{2}$$

Il suffit ensuite de reporter la valeur du nombre de diviseurs de mn dans le cas pair et impair. ∎

Par exemple :

$$\begin{cases} mn = 1\,125 = 3^2 5^3 \\ \sqrt{mn} \approx 33{,}54 \end{cases} \rightarrow mn = \begin{cases} 1125.1 \\ 375.3 \\ 225.5 \\ 125.9 \\ 75.15 \\ 45.25 \end{cases} = pq \; mais \; avec \begin{cases} m \neq p > q \neq n \\ m > \sqrt{mn} > n \\ p > \sqrt{pq} > q \\ si \; m > p \rightarrow q > n \\ si \; m < p \rightarrow q < n \end{cases}$$

En choisissant 1 des 6 cas pour mn, il reste 5 cas différents pour pq. Il existe donc, pour mn=1 125, 6 triplets joignables sur un côté. Ce nombre 6 corresponds au nombre de diviseurs de mn lorsque m est inférieur à sa racine carrée. C'est-à-dire à la moitié du nombre de diviseurs, soit :

$$T(1125) = \frac{d(3^2 5^3)}{2} = \frac{d(3^2)d(5^3)}{2} = \frac{1}{2}(2 + 1)(3 + 1) = 6$$

On a donc ici :

$$x^2+y^2=u^2$$
$$x^2+z^2=v^2$$

| m ou p | n ou q | x=mn ou x=pq | y=(m^2-n^2)/2 ou z=(p^2-q^2)/2 | u=(m^2+n^2)/2 ou v=(p^2+q^2)/2 |
|---|---|---|---|---|
| **1 125** | 1 | 1 125 | 632 812 | 632 813 |
| 375 | 3 | 1 125 | 70 308 | 70 317 |
| 225 | 5 | 1 125 | 25 300 | 25 325 |
| 125 | 9 | 1 125 | 7 772 | 7 853 |
| 75 | 15 | 1 125 | 2 700 | 2 925 |
| 45 | 25 | 1 125 | 700 | 1 325 |

Et le nombre de couples de triplets joints vaut ici :

$$CT(1125) = \frac{(6-1)6}{2} = \frac{(12-2)12}{8} = 15$$

On peut donc ainsi construire 15 couples de triplets joints avec mn=1 125.

# f. Brique d'Euler paramétrée

Maintenant que l'on sait calculer des triplets joints, on s'attaque à la brique d'Euler. On remarque préalablement que la construction précédente des triplets joints impose :

$$\begin{cases} w > v > z > y > x \geq 1 \\ v > u > y \geq 3 \end{cases}$$

Soit :

$$\begin{cases} \underbrace{x^2}_{impair} + \underbrace{y^2}_{pair} = \underbrace{u^2}_{impair} \\ \underbrace{x^2}_{impair} + \underbrace{z^2}_{pair} = \underbrace{v^2}_{impair} \\ \underbrace{y^2}_{pair} + \underbrace{z^2}_{pair} = \underbrace{w^2}_{pair} \end{cases} car \begin{cases} x = mn = pq : toujours\ impair \\ y = \dfrac{m^2 - n^2}{2}\ et\ z = \dfrac{p^2 - q^2}{2} : toujours\ pairs \\ u = \dfrac{m^2 + n^2}{2}\ et\ v = \dfrac{p^2 + q^2}{2} : toujours\ impairs \end{cases}$$

Ainsi, le troisième triplet est forcément pair et donc non primitif. Il a donc la forme suivante :

$$y^2 + z^2 = w^2 = (jrs)^2 + \left(j\frac{r^2 - s^2}{2}\right)^2 = \left(j\frac{r^2 + s^2}{2}\right)^2 avec \begin{cases} j > 0\ et\ pair \\ r > s \geq 1\ et\ \{r;s\}\ impairs \\ y = jrs = \dfrac{m^2 - n^2}{2} \\ z = j\dfrac{r^2 - s^2}{2} = \dfrac{p^2 - q^2}{2} \end{cases}$$

Si on recherche le triplet primitif originel, on obtient simplement :

$$\left(\frac{y}{j}\right)^2 + \left(\frac{z}{j}\right)^2 = \left(\frac{w}{j}\right)^2 = (rs)^2 + \left(\frac{r^2 - s^2}{2}\right)^2 = \left(\frac{r^2 + s^2}{2}\right)^2$$

$$Avec \begin{cases} j > 0\ et\ pair \\ r > s \geq 1\ et\ \{r;s\}\ impairs \\ \dfrac{y}{j} = rs = \dfrac{m^2 - n^2}{2j} \\ \dfrac{z}{j} = \dfrac{r^2 - s^2}{2} = \dfrac{p^2 - q^2}{2j} \end{cases}$$

Soit les deux contraintes suivantes :

$$\begin{cases} rs = \dfrac{m^2 - n^2}{2j} \rightarrow m^2 - n^2 = 4b' \\[3mm] \dfrac{r^2 - s^2}{2} = \dfrac{p^2 - q^2}{2j} \rightarrow p^2 - q^2 = 4b'' \end{cases}$$

On pose :

$$\begin{cases} x = r^2 \geq 9 \\ y = s^2 \geq 1 \\ a = \dfrac{m^2 - n^2}{2j} \\ b = \dfrac{p^2 - q^2}{j} \end{cases} \rightarrow \begin{cases} xy = a^2 \\ x - y = b \end{cases}$$

$$\rightarrow \begin{cases} x = \dfrac{a^2}{y} = \dfrac{b + \sqrt{b^2 + 4a^2}}{2} = \dfrac{b}{2}\left(1 + \sqrt{1 + \left(\dfrac{2a}{b}\right)^2}\right) \\[5mm] y^2 + by - a^2 = 0 \rightarrow y = \dfrac{-b + \sqrt{b^2 + 4a^2}}{2} = \dfrac{b}{2}\left(-1 + \sqrt{1 + \left(\dfrac{2a}{b}\right)^2}\right) \end{cases}$$

Soit :

$$\begin{cases} rs = \dfrac{m^2 - n^2}{2j} \\[3mm] r^2 - s^2 = \dfrac{p^2 - q^2}{j} \end{cases} \rightarrow \begin{cases} r = \sqrt{\dfrac{p^2 - q^2}{2j}\left(1 + \sqrt{1 + \left(\dfrac{m^2 - n^2}{p^2 - q^2}\right)^2}\right)} = \sqrt{\dfrac{w + z}{j}} \\[6mm] s = \sqrt{\dfrac{p^2 - q^2}{2j}\left(-1 + \sqrt{1 + \left(\dfrac{m^2 - n^2}{p^2 - q^2}\right)^2}\right)} = \sqrt{\dfrac{w - z}{j}} \end{cases}$$

**/!\ Attention :** {r, s, w} ne sont pas forcément entiers alors que {m, n, p, q} et la brique d'Euler {x, y, z} le sont. En effet :

$$\begin{cases} r^2 = \dfrac{w + z}{j} \ ssi \ w = j\dfrac{r^2 + s^2}{2} \\[3mm] s^2 = \dfrac{w - z}{j} \ ssi \ z = j\dfrac{r^2 - s^2}{2} = \dfrac{q^2 - q^2}{2} \in \mathbb{N} \end{cases} \quad et : y = jrs = \dfrac{m^2 - n^2}{2} \in \mathbb{N}$$

On peut d'ailleurs retrouver ces équations plus simplement avec :

$$\begin{cases} w^2 = y^2 + z^2 \rightarrow j(r^2 + s^2) = \sqrt{(m^2 - n^2)^2 + (p^2 - q^2)^2} \\ j(r^2 - s^2) = p^2 - q^2 \end{cases}$$

$$\rightarrow \begin{cases} r = \sqrt{\dfrac{p^2 - q^2}{2j}\left(1 + \sqrt{1 + \left(\dfrac{m^2 - n^2}{p^2 - q^2}\right)^2}\right)} \\[4ex] s = \sqrt{\dfrac{p^2 - q^2}{2j}\left(-1 + \sqrt{1 + \left(\dfrac{m^2 - n^2}{p^2 - q^2}\right)^2}\right)} \end{cases}$$

Il faut donc préalablement rechercher les contraintes qui imposeront que {r, s, w} soient entiers.

---

**Théorème 8** – *Les valeurs {r, s}, paramétrant le dernier triplet Pythagoricien non primitif d'une brique d'Euler, ont les bornes suivantes :*

$$r \geq \sqrt{1 + \left(\frac{m^2 - n^2}{p^2 - q^2}\right)^2} + \frac{m^2 - n^2}{p^2 - q^2} + 1 = \frac{w}{z} + 1 + \sqrt{\left(\frac{w}{z}\right)^2 - 1} = \frac{y}{z} + 1 + \sqrt{\left(\frac{y}{z}\right)^2 + 1} \geq 3$$

$$1 \leq s \leq \sqrt{1 + \left(\frac{m^2 - n^2}{p^2 - q^2}\right)^2} + \frac{m^2 - n^2}{p^2 - q^2} - 1 = \frac{w}{z} - 1 + \sqrt{\left(\frac{w}{z}\right)^2 - 1} = \frac{y}{z} - 1 + \sqrt{\left(\frac{y}{z}\right)^2 + 1}$$

---

**Preuve** – Sachant que $r \geq s + 2 \geq 3$ et en divisant les deux équations précédents ce théorème, on obtient :

$$\frac{r}{s} = \sqrt{\frac{w + z}{w - z}} \rightarrow r \geq r\sqrt{\frac{w - z}{w + z}} + 2$$

$$r \geq \frac{2}{1 - \sqrt{\dfrac{w - z}{w + z}}} = \frac{w + z + \sqrt{w^2 - z^2}}{z} = \frac{w}{z} + 1 + \sqrt{\left(\frac{w}{z}\right)^2 - 1}$$

De même, sachant que $1 \leq s \leq r - 2$, on a :

$$\frac{s}{r} = \sqrt{\frac{w-z}{w+z}} \rightarrow s \leq s\sqrt{\frac{w+z}{w-z}} - 2$$

$$s \leq \frac{2}{\sqrt{\frac{w+z}{w-z}} - 1} = \frac{w - z + \sqrt{w^2 - z^2}}{z} = \frac{w}{z} - 1 + \sqrt{\left(\frac{w}{z}\right)^2 - 1}$$

En pratique, ces deux bornes sur r et s sont très restrictives et beaucoup de candidats {r, s} sont ainsi éliminés. De plus, sachant que $s \geq 1$, on a :

$$2 \leq \frac{w}{z} + \sqrt{\left(\frac{w}{z}\right)^2 - 1} = \sqrt{1 + \left(\frac{m^2 - n^2}{p^2 - q^2}\right)^2} + \frac{m^2 - n^2}{p^2 - q^2}$$

$$\rightarrow w \geq \frac{5}{4}z \rightarrow \frac{m^2 - n^2}{p^2 - q^2} = \frac{y}{z} \geq \frac{3}{4} \rightarrow z > y \geq \frac{3}{4}z$$

$$\rightarrow w \geq \frac{5}{3}y \text{ sachant déjà que } \begin{cases} w > v > z > y > x \geq 1 \\ v > u > y \geq 3 \end{cases}$$

On remarque que l'intervalle de y autour de z est proportionnellement petit. Cela restreint de nouveau le nombre de solutions à partir de deux triplets primitifs et d'un troisième non primitif. A noter que z est soit plus grand soit plus petit que u. z sera plus petit si v est proche de u, et z sera plus grand si v est éloigné de u. En outre, on a :

$$v^2 \geq u^2 = x^2 + y^2 \geq v^2 - z^2 + \left(\frac{3}{4}\right)^2 z^2 = v^2 - \frac{7}{16}z^2 \rightarrow v \geq u \geq v\sqrt{1 - 7\left(\frac{z}{4v}\right)^2}$$

Il existe également une borne supérieure pour w.

En effet, en fonction de {u, v, w}, on a :

$$\begin{pmatrix} u^2 \\ v^2 \\ w^2 \end{pmatrix} = \begin{pmatrix} 1 & 1 & 0 \\ 1 & 0 & 1 \\ 0 & 1 & 1 \end{pmatrix} \begin{pmatrix} x^2 \\ y^2 \\ z^2 \end{pmatrix} \rightarrow \begin{cases} x = \dfrac{\sqrt{2(u^2 + v^2 - w^2)}}{2} \\[3mm] y = \dfrac{\sqrt{2(u^2 - v^2 + w^2)}}{2} \\[3mm] z = \dfrac{\sqrt{2(-u^2 + v^2 + w^2)}}{2} \end{cases}$$

$$\text{Et } \sqrt{u^2 + v^2 - 2} \geq w > v > u \geq \sqrt{10} > 3$$

Et en remplaçant {u, v, w}, on obtient :

$$\begin{cases} x = \sqrt{\dfrac{1}{2}\left(\left(\dfrac{m^2 + n^2}{2}\right)^2 + \left(\dfrac{p^2 + q^2}{2}\right)^2 - \left(j\dfrac{r^2 + s^2}{2}\right)^2\right)} = mn \\[6mm] y = \sqrt{\dfrac{1}{2}\left(\left(\dfrac{m^2 + n^2}{2}\right)^2 - \left(\dfrac{p^2 + q^2}{2}\right)^2 + \left(j\dfrac{r^2 + s^2}{2}\right)^2\right)} = \dfrac{m^2 - n^2}{2} = pq \\[6mm] z = \sqrt{\dfrac{1}{2}\left(-\left(\dfrac{m^2 + n^2}{2}\right)^2 + \left(\dfrac{p^2 + q^2}{2}\right)^2 + \left(j\dfrac{r^2 + s^2}{2}\right)^2\right)} = \dfrac{p^2 - q^2}{2} = j\dfrac{r^2 - s^2}{2} \end{cases}$$

On met le tout au carré et on recherche de nouveau r et s. Soit :

$$\begin{cases} \left(j\dfrac{r^2 + s^2}{2}\right)^2 = \left(\dfrac{m^2 + n^2}{2}\right)^2 + \left(\dfrac{p^2 + q^2}{2}\right)^2 - 2(mn)^2 \\[6mm] \left(j\dfrac{r^2 + s^2}{2}\right)^2 = 2\left(\dfrac{m^2 - n^2}{2}\right)^2 - \left(\dfrac{m^2 + n^2}{2}\right)^2 + \left(\dfrac{p^2 + q^2}{2}\right)^2 = 2(pq)^2 - \left(\dfrac{m^2 + n^2}{2}\right)^2 + \left(\dfrac{p^2 + q^2}{2}\right)^2 \\[6mm] \left(j\dfrac{r^2 + s^2}{2}\right)^2 = 2\left(\dfrac{p^2 - q^2}{2}\right)^2 + \left(\dfrac{m^2 + n^2}{2}\right)^2 - \left(\dfrac{p^2 + q^2}{2}\right)^2 = 2\left(j\dfrac{r^2 - s^2}{2}\right)^2 + \left(\dfrac{m^2 + n^2}{2}\right)^2 - \left(\dfrac{p^2 + q^2}{2}\right)^2 \end{cases}$$

$$\rightarrow \begin{cases} j^2(r^2 + s^2)^2 = m^4 - 6(mn)^2 + n^4 + (p^2 + q^2)^2 \\ j^2(r^2 + s^2)^2 = p^4 + 10(pq)^2 + q^4 - (m^2 + n^2)^2 \\ j^2(r^2 + s^2)^2 = p^4 - 6(pq)^2 + q^4 + (m^2 + n^2)^2 \\ j^2(r^4 - 6(rs)^2 + s^4) = (p^2 + q^2)^2 - (m^2 + n^2)^2 \end{cases}$$

Malheureusement, nous tombons ici dans une impasse de résolution.

On peut également déduire de notre formulation générale du début de ce chapitre les 4 cas suivants :

$$(knm)^2 + \left(k\frac{m^2-n^2}{2}\right)^2 = \left(k\frac{m^2+n^2}{2}\right)^2$$

$$(1) : \left(k\frac{m^2-n^2}{2}\right)^2 + \left(i\frac{p^2-q^2}{2}\right)^2 = \left(i\frac{p^2+q^2}{2}\right)^2 \rightarrow k(m^2-n^2) = 2ipq < i(p^2-q^2)$$

$$(2) : \left(k\frac{m^2-n^2}{2}\right)^2 + (ipq)^2 = \left(i\frac{p^2+q^2}{2}\right)^2 \rightarrow k(m^2-n^2) = i(p^2-q^2) \rightarrow knm = ipq$$

$$(3) : (knm)^2 + \left(i\frac{p^2-q^2}{2}\right)^2 = \left(i\frac{p^2+q^2}{2}\right)^2 \rightarrow knm = ipq \rightarrow k(m^2-n^2) = i(p^2-q^2)$$

$$(4) : (knm)^2 + (ipq)^2 = \left(i\frac{p^2+q^2}{2}\right)^2 \rightarrow 2ipq < 2knm = i(p^2-q^2)$$

Les cas 2 et 3 sont redondants avec la $1^{\text{ère}}$ ligne contenant les variables k, n et m. On peut donc, sans perte de généralité, les ignorer. Ainsi, il ne reste qu'à traiter les cas 1 et 4, à savoir :

$$\begin{cases}(1) : k(m^2-n^2) = 2ipq < i(p^2-q^2) \\ (4) : 2ipq < 2knm = i(p^2-q^2)\end{cases} et \begin{cases}m > n \geq 1 \\ p > q \geq 1\end{cases}$$

De plus, dans ces deux cas, on a :

$$p^2 - 2qp - q^2 > 0 \rightarrow \begin{cases}p > (\sqrt{2}+1)q \approx 2{,}414q \rightarrow p \geq 3 \\ 1 \leq q < (\sqrt{2}-1)p \approx 0{,}414p < \dfrac{p}{2}\end{cases}$$

Dans un premier temps, on étudie ces équations sous forme primitives. C'est-à-dire sans leurs coefficients multiplicateurs k et i et avec {m, n, p, q} impairs.

On a donc :

$$
\begin{cases}
(1) : m^2 - n^2 = 2pq < p^2 - q^2 \to
\begin{cases}
p = \dfrac{m^2 - n^2}{2q} > (\sqrt{2}+1)q \to q < \sqrt{\dfrac{\sqrt{2}-1}{2}(m^2 - n^2)} \\[3mm]
1 \leq q = \dfrac{m^2 - n^2}{2p} \to p \leq \dfrac{m^2 - n^2}{2} \\[3mm]
q = \dfrac{m^2 - n^2}{2p} < (\sqrt{2}-1)p \to p > \sqrt{\dfrac{\sqrt{2}+1}{2}(m^2 - n^2)}
\end{cases} \\[14mm]
(4) : 2pq < 2nm = p^2 - q^2 \to
\begin{cases}
p = \sqrt{2nm + q^2} > (\sqrt{2}+1)q \to q < \sqrt{(\sqrt{2}-1)nm} \\[3mm]
1 \leq q = \sqrt{p^2 - 2nm} \to p \geq \sqrt{2nm} \\[3mm]
q = \sqrt{p^2 - 2nm} < (\sqrt{2}-1)p \to p < \sqrt{(\sqrt{2}+1)nm}
\end{cases}
\end{cases}
$$

De plus pour avoir au moins une valeur entière comprise dans ces intervalles, sachant que :

$$Soit : i < x < j \to \exists x \in \mathbb{N} \; ssi : j - i \geq 1$$

D'où :

$$
\begin{cases}
(1) :
\begin{cases}
1 \leq q < \sqrt{\dfrac{\sqrt{2}-1}{2}(m^2 - n^2)} \to m^2 - n^2 \geq 8(\sqrt{2}+1) \approx 19{,}31 \\[5mm]
\sqrt{\dfrac{\sqrt{2}+1}{2}(m^2 - n^2)} < p \leq \dfrac{m^2 - n^2}{2} \to m^2 - n^2 \geq 3 + \sqrt{2} + \sqrt{7 + 6\sqrt{2}} \approx 4{,}17
\end{cases} \\[14mm]
(4) :
\begin{cases}
1 \leq q < \sqrt{(\sqrt{2}-1)nm} \to nm \geq 4(\sqrt{2}+1) \approx 9{,}65 \\[5mm]
\sqrt{2nm} \leq p < \sqrt{(\sqrt{2}+1)nm} \to nm \geq \dfrac{1}{\left(\sqrt{\sqrt{2}+1} - \sqrt{2}\right)^2} \approx 51{,}34
\end{cases}
\end{cases}
$$

Soit :

$$(1) : \begin{cases} 1 \leq q < \sqrt{\dfrac{\sqrt{2}-1}{2}(m^2-n^2)} \\ \sqrt{\dfrac{\sqrt{2}+1}{2}(m^2-n^2)} < p \leq \dfrac{m^2-n^2}{2} \end{cases} \quad avec\ m^2-n^2 \geq 20 \rightarrow \begin{cases} m > 2\sqrt{5} \approx 4,47 \rightarrow m \geq 5 \\ n \leq \sqrt{m^2-20} \end{cases}$$

$$(4) : \begin{cases} 1 \leq q < \sqrt{(\sqrt{2}-1)nm} \\ \sqrt{2nm} \leq p < \sqrt{(\sqrt{2}+1)nm} \end{cases} \quad avec\ nm \geq 53$$

Par exemple :

$$(1) : \begin{cases} m = 5 \\ n = 1 \end{cases} \rightarrow \begin{cases} 1 \leq q < 2\sqrt{3(\sqrt{2}-1)} \approx 2,23 \rightarrow q = 1 \\ 2\sqrt{3(\sqrt{2}+1)} \approx 5,38 < p \leq 12 \rightarrow p = \{7,9,11\} \end{cases} \rightarrow \begin{cases} 5^2 + 12^2 = 13^2 \\ 7^2 + 24^2 = 25^2 \\ 9^2 + 40^2 = 41^2 \\ 11^2 + 60^2 = 61^2 \end{cases}$$

$$(4) : \begin{cases} m = 53 \\ n = 1 \end{cases} \rightarrow \begin{cases} 1 \leq q < \sqrt{53(\sqrt{2}-1)} \approx 4,68 \rightarrow q = \{1; 3\} \\ \sqrt{106} \approx 10,29 \leq p < \sqrt{53(\sqrt{2}+1)} \approx 11,31 \rightarrow p = 11 \end{cases} \rightarrow \begin{cases} 53^2 + 1404^2 = 1405^2 \\ 11^2 + 60^2 = 61^2 \\ 33^2 + 56^2 = 65^2 \end{cases}$$

Ainsi, il n'existe donc pas de triplet primitif joint au fameux triplet $\{3\ ;4\ ;5\}$ correspondant à m=3 et n=1. En effet, si on reprend la formulation que l'on a choisi des triplets, on a :

$$(nm)^2 + \left(\dfrac{m^2-n^2}{2}\right)^2 = \left(\dfrac{m^2+n^2}{2}\right)^2$$

$$(1) : \left(\dfrac{m^2-n^2}{2}\right)^2 + \left(\dfrac{p^2-q^2}{2}\right)^2 = \left(\dfrac{p^2+q^2}{2}\right)^2 \rightarrow \begin{cases} 1 \leq q < \sqrt{\dfrac{\sqrt{2}-1}{2}(m^2-n^2)} \\ \sqrt{\dfrac{\sqrt{2}+1}{2}(m^2-n^2)} < p \leq \dfrac{m^2-n^2}{2} \end{cases}$$

$$(4) : (nm)^2 + (pq)^2 = \left(\dfrac{p^2+q^2}{2}\right)^2 \rightarrow \begin{cases} 1 \leq q < \sqrt{(\sqrt{2}-1)nm} \\ \sqrt{2nm} \leq p < \sqrt{(\sqrt{2}+1)nm} \end{cases}$$

Et en posant :

$$0 < k \leq 1 :$$

$$\left\{ (nm)^2 + \left(\frac{m^2 - n^2}{2}\right)^2 = \left(\frac{m^2 + n^2}{2}\right)^2 \right.$$

$$\left\{ (1) : \left(\frac{m^2 - n^2}{2}\right)^2 + \left(\frac{p^2 - q^2}{2}\right)^2 = \left(\frac{p^2 + q^2}{2}\right)^2 \rightarrow \begin{cases} q = \left(\sqrt{\dfrac{\sqrt{2} - 1}{2}(m^2 - n^2)} - 1\right) k + 1 \\ p = q \sqrt{\dfrac{\sqrt{2} + 1}{2}(m^2 - n^2)} \end{cases} \right.$$

$$\left. (4) : (nm)^2 + (pq)^2 = \left(\frac{p^2 + q^2}{2}\right)^2 \rightarrow \begin{cases} q = \left(\sqrt{(\sqrt{2} - 1)nm} - 1\right) k - 1 \\ p = \sqrt{2nm}\left(\left(\sqrt{\dfrac{\sqrt{2} + 1}{2}} - 1\right) k - 1\right) \end{cases} \right.$$

Soit :

$$0 < k \leq 1 :$$

$$\begin{cases} (1) : \dfrac{p}{q} = \sqrt{\dfrac{\sqrt{2} + 1}{2}(m^2 - n^2)} \ avec \ q = \left(\sqrt{\dfrac{\sqrt{2} - 1}{2}(m^2 - n^2)} - 1\right) k + 1 \\ \\ (4) : \dfrac{p + \sqrt{2nm}}{q + 1} = \dfrac{\sqrt{(\sqrt{2} + 1)nm - 1}}{\sqrt{(\sqrt{2} - 1)nm - 1}} \ avec \end{cases}$$

A partir de k, n et m fixé, il suffit de choisir toutes les décompositions de facteurs pour i, p et q.

Par exemple :

| k m n | i p q | Triplet x y u | | | Triplet x z v | | |
|---|---|---|---|---|---|---|---|
| 2  3  1 | 2  3  1 | 6 | 8 | 10 | 6 | 8 | 10 |
| 4  5  1 | 1  10  2 | 20 | 48 | 52 | 20 | 48 | 52 |
|  | 4  5  1 |  |  |  |  |  |  |
| 1  15  7 | 3  7  5 | 105 | 88 | 137 | 105 | 36 | 111 |
|  | 7  5  3 |  |  |  | 105 | 56 | 119 |
|  | 1  15  7 |  |  |  | 105 | 88 | 137 |
|  | 1  21  5 |  |  |  | 105 | 208 | 233 |
|  | 21  5  1 |  |  |  | 105 | 252 | 273 |
|  | 15  7  1 |  |  |  | 105 | 360 | 375 |
|  | 1  35  3 |  |  |  | 105 | 608 | 617 |
|  | 35  7  3 |  |  |  | 735 | 700 | 1 015 |
|  | 7  15  1 |  |  |  | 105 | 784 | 791 |
|  | 5  21  1 |  |  |  | 105 | 1 100 | 1 105 |
|  | 3  35  1 |  |  |  | 105 | 1 836 | 1 839 |
|  | 1  105  1 |  |  |  | 105 | 5 512 | 5 513 |
| 6  9  5 | 2  15  9 | 270 | 168 | 318 | 270 | 144 | 306 |
|  | 18  5  3 |  |  |  |  |  |  |
|  | 6  9  5 |  |  |  | 270 | 168 | 318 |
|  | 10  9  3 |  |  |  | 270 | 360 | 450 |
|  | 90  3  1 |  |  |  |  |  |  |
|  | 6  15  3 |  |  |  | 270 | 648 | 702 |
|  | 54  5  1 |  |  |  |  |  |  |
|  | 2  27  5 |  |  |  | 270 | 704 | 754 |
|  | 30  9  1 |  |  |  | 270 | 1 200 | 1 230 |
|  | 2  45  3 |  |  |  | 270 | 2 016 | 2 034 |
|  | 18  15  1 |  |  |  |  |  |  |
|  | 10  27  1 |  |  |  | 270 | 3 640 | 3 650 |
|  | 6  45  1 |  |  |  | 270 | 6 072 | 6 078 |
|  | 2  135  1 |  |  |  | 270 | 18 224 | 18 226 |
| 2  8  4 | 8  4  2 | 64 | 48 | 80 | 64 | 48 | 80 |
|  | 2  8  4 |  |  |  |  |  |  |
|  | 4  8  2 |  |  |  | 64 | 120 | 136 |
|  | 1  16  4 |  |  |  |  |  |  |
|  | 2  16  2 |  |  |  | 64 | 252 | 260 |
|  | 1  32  2 |  |  |  | 64 | 510 | 514 |

Evidemment si le triplet initial n'est pas primitif (ssi k=1) alors les triplets résultants possibles avec (i, p, q) contiendront forcément des doublons de solutions (x, z, v). On sait donc trouver plusieurs trios (i, p q), à partir de (k, m, n), qui garantissent deux triplets Pythagoriciens avec un même côté (x), différent de leurs hypoténuses.

En procédant de la même manière, on devrait pouvoir trouver au moins un trio supplémentaire (j, s, t) pour avoir trois triplets Pythagoriciens avec chacun deux même côtés ( (x, y) ou (x, z) ou (y, z) ) différents de leurs hypoténuses.

De plus, le produit des 3 premières équations permet de s'affranchir de i, j et k comme suit :

$$ipq.j(s^2 - t^2).k(m^2 - n^2) = i(p^2 - q^2).2jst.knm$$

$$\rightarrow \left(\frac{s^2 - t^2}{st}\right)\left(\frac{m^2 - n^2}{mn}\right) = 2\left(\frac{p^2 - q^2}{pq}\right)$$

On pose :

$$\begin{cases} 0 < \dfrac{n}{m} = a < 1 \\ 0 < \dfrac{q}{p} = b < 1 \rightarrow \left(\dfrac{1}{c} - c\right)\left(\dfrac{1}{a} - a\right) = 2\left(\dfrac{1}{b} - b\right) \\ 0 < \dfrac{t}{s} = c < 1 \end{cases}$$

De plus, avec cette notation, on a :

$$\begin{cases} km^2 a = ip^2 b \\ km^2(1 - a^2) = 2js^2 c \\ js^2(1 - c^2) = ip^2(1 - b^2) \\ k^2m^2(1 - a^2)^2 + i^2p^2(1 - b^2)^2 = j^2s^2(1 + c^2)^2 \end{cases}$$

En reportant dans la 3$^{\text{ième}}$ équation, il vient :

$$k^2m^2a^2\left(\frac{1}{a} - a\right)^2 + i^2p^2b^2\left(\frac{1}{b} - b\right)^2 = j^2s^2c^2\left(\frac{1}{c} + c\right)^2$$

$$k^2m^2a^2\left(\frac{1}{a} - a\right)^2 + 4i^2p^2b^2\left(\frac{1}{c} - c\right)^2\left(\frac{1}{a} - a\right)^2 = j^2s^2c^2\left(\frac{1}{c} + c\right)^2$$

$$q = \frac{tn}{2i}\sqrt{\left(\frac{m}{m^2-n^2}j\right)^2 - \left(k\frac{s}{s^2-t^2}\right)^2}$$

Il n'y a pas autant d'équations que d'inconnues, il faut donc paramétrer certaines valeurs.

On fixe p et m selon les facteurs premiers du produit nm pour obtenir p>q avec p≠m et q≠n. Ainsi, une fois que n, m, p et q sont fixés, on obtient :

$$\begin{cases} st = a \\ s^2 - t^2 = b \end{cases} \rightarrow \begin{cases} t = \dfrac{a}{s} \\ s^4 - bs^2 - a^2 = 0 \end{cases} \rightarrow \begin{cases} s = \pm\sqrt{\dfrac{b \pm \sqrt{b^2+4a^2}}{2}} \\ t = \pm a\sqrt{\dfrac{2}{b \pm \sqrt{b^2+4a^2}}} \end{cases} avec \begin{cases} a = \dfrac{m^2-n^2}{2} \\ b = p^2 - q^2 \end{cases}$$

Il faut maintenant s'assurer que les racines soient entières ou nulles. Soit :

$$s \text{ et } t \text{ entiers positifs} \rightarrow \begin{cases} s = \sqrt{\dfrac{b+\sqrt{b^2+4a^2}}{2}} = \sqrt{\dfrac{b}{2}\left(1+\sqrt{1+\left(\dfrac{2a}{b}\right)^2}\right)} \\ t = a\sqrt{\dfrac{2}{b+\sqrt{b^2+4a^2}}} = a\sqrt{\dfrac{2}{b\left(1+\sqrt{1+\left(\dfrac{2a}{b}\right)^2}\right)}} \end{cases}$$

$$\rightarrow \begin{cases} 4a^2 + b^2 = c^2 \rightarrow (m^2-n^2)^2 + (p^2-q^2)^2 = c^2 = (s^2+t^2)^2 : \text{toujours vrai} \\ b + c = 2s^2 \rightarrow p^2 - q^2 = s^2 - t^2 \rightarrow \text{toujours vrai avec } b \text{ et } c \text{ de même parité} \end{cases}$$

Il existe donc des solutions entières calculables.

Par exemple :

$$m = 5.7 = 35$$
$$n = 3.11 = 33$$
$$m^2 - n^2 = 136 \rightarrow s.t = 68$$

$$p = 5.11 = 55$$
$$q = 3.7 = 21$$
$$p^2 - q^2 = 2\,584 = s^2 - t^2$$

Une autre approche consiste à y adjoindre de la géométrie trigonométrique. En effet, un triangle rectangle est composé de deux triangles rectangles joints par sa hauteur. En pliant cette jointure (la hauteur) et en doublant les triangles, on obtient une brique d'Euler. On utilise cette propriété pour calculer z. A l'aide de la loi des cosinus d'Al Kashi, on trouve :

$$(y + z)^2 = u^2 + v^2 - 2uv \cos(\widehat{uv})$$

A l'aide de la loi des sinus, on a :

$$\sin(\widehat{uv}) = \frac{y + z}{u} \cdot \frac{x}{v} = \frac{(y + z)x}{uv} \rightarrow \cos(\widehat{uv}) = \sqrt{1 - \sin^2(\widehat{uv})} = \frac{1}{uv}\sqrt{u^2 v^2 - (y + z)^2 x^2}$$

Et en reportant dans notre équation précédente, il vient :

$$(y + z)^2 = u^2 + v^2 - 2\sqrt{u^2 v^2 - (y + z)^2 x^2}$$

$$(y + z)^2 = (x^2 + y^2) + (x^2 + z^2) - 2\sqrt{(x^2 + y^2)(x^2 + z^2) - (y + z)^2 x^2}$$

$$yz - x^2 = \sqrt{x^4 + y^2 z^2 - 2x^2 yz}$$

Et au carré, on a bien :

$$(yz - x^2)^2 = x^4 + y^2 z^2 - 2x^2 yz$$

Cas particulier : si l'angle déplié entre u et v est rectangle, on a alors plus simplement :

$$u^2 + v^2 = (y + z)^2 \rightarrow z = -y \pm \sqrt{u^2 + v^2}$$

Or :

$$z > 0 \rightarrow z = \sqrt{u^2 + v^2} - y \in \mathbb{N} \; ssi \; u^2 + v^2 = h^2 > w^2$$

Ou bien en remplaçant u et v :

$$\begin{cases} x^2 + y^2 = u^2 \\ x^2 + z^2 = v^2 \end{cases} \rightarrow z = \frac{x^2}{y} = 2k\frac{n^2 m^2}{m^2 - n^2}$$

D'où le triplet :

$$\{x; y; z\} = \left\{knm; k\frac{m^2 - n^2}{2}; \sqrt{\left(k\frac{m^2 + n^2}{2}\right)^2 + \left(i\frac{p^2 + q^2}{2}\right)^2} - k\frac{m^2 - n^2}{2}\right\}$$

Ou bien :

$$\{x; y; z\} = \left\{x; y; \frac{x^2}{y}\right\} = \left\{knm; k\frac{m^2 - n^2}{2}; 2k\frac{n^2 m^2}{m^2 - n^2}\right\}$$

Il existe donc des solutions si :

$$k^2(m^2 + n^2)^2 + i^2(p^2 + q^2)^2 = h^2 : possible\ (il\ en\ existe)$$

Et :

$$\begin{cases} k^2 n^2 m^2 + k^2\left(\frac{m^2 - n^2}{2}\right)^2 = k^2\left(\frac{m^2 - n^2}{2}\right)^2 : toujours\ vrai \\[4mm] k^2 n^2 m^2 + 4k^2\frac{n^4 m^4}{(m^2 - n^2)^2} = v^2 \to v = knm\frac{m^2 + n^2}{m^2 - n^2} : possible\ (il\ en\ existe) \\[4mm] k^2\left(\frac{m^2 - n^2}{2}\right)^2 + 4k^2\frac{n^4 m^4}{(m^2 - n^2)^2} = w^2 \to w = \frac{k\sqrt{(m^2 - n^2)^4 + 16n^4 m^4}}{2(m^2 - n^2)} : impossible! \end{cases}$$

w n'est jamais entier. Malheureusement on n'en trouve aucun.

**Conjecture :** si l'angle déplié entre u et v est rectangle, il n'existe pas de brique d'Euler.

# 3. Relations des briques d'Euler dépliées à plat

En bonus on présente ici plusieurs relations des triangles. En dépliant le cube (ou la brique), on trouve d'autres triangles qu'on définit ainsi :

Triangles quelconques composés de deux triangles Pythagoricien :

$$\begin{cases} u^2 = w^2 + (x+z)^2 - 2w(x+z)\dfrac{z}{w} \\[2mm] u^2 = v^2 + (y+z)^2 - 2v(y+z)\dfrac{z}{v} \end{cases}$$

$$\begin{cases} v^2 = w^2 + (x+y)^2 - 2w(x+y)\dfrac{y}{w} \\[2mm] v^2 = u^2 + (y+z)^2 - 2u(y+z)\dfrac{y}{u} \end{cases}$$

$$\begin{cases} w^2 = u^2 + (x+z)^2 - 2u(x+z)\dfrac{x}{u} \\[2mm] w^2 = v^2 + (x+y)^2 - 2v(x+y)\dfrac{x}{v} \end{cases}$$

Triangles quelconques composés de trois triangles Pythagoricien :

$$\begin{cases} u^2 = v^2 + w^2 - 2vw\cos\left(\arccos\left(\dfrac{z}{v}\right) + \arccos\left(\dfrac{z}{w}\right)\right) = (v+w)^2\left(1 - \dfrac{2z^2}{z^2 + vw + \sqrt{(v^2-z^2)(w^2-z^2)}}\right) \\[4mm] v^2 = u^2 + w^2 - 2uw\cos\left(\arccos\left(\dfrac{y}{u}\right) + \arccos\left(\dfrac{y}{w}\right)\right) = (u+w)^2\left(1 - \dfrac{2y^2}{y^2 + uw + \sqrt{(u^2-y^2)(w^2-y^2)}}\right) \\[4mm] w^2 = u^2 + v^2 - 2uv\cos\left(\arccos\left(\dfrac{x}{u}\right) + \arccos\left(\dfrac{x}{v}\right)\right) = (u+v)^2\left(1 - \dfrac{2x^2}{x^2 + uv + \sqrt{(u^2-x^2)(v^2-x^2)}}\right) \end{cases}$$

On a utilisé le fait que :

$$\arccos(x) + \arccos(y) = 2\arctan\left(\frac{\sqrt{1-x^2}}{1+x}\right) + 2\arctan\left(\frac{\sqrt{1-y^2}}{1+y}\right)$$

R.S.
14/03/21



$$= 2\arctan\left(\frac{\dfrac{\sqrt{1-x^2}}{1+x}+\dfrac{\sqrt{1-y^2}}{1+y}}{1-\dfrac{\sqrt{1-x^2}}{1+x}\cdot\dfrac{\sqrt{1-y^2}}{1+y}}\right) = 2\arctan\left(\frac{\sqrt{(1-x)(1+y)}+\sqrt{(1+x)(1-y)}}{\sqrt{(1+x)(1+y)}-\sqrt{(1-x)(1-y)}}\right)$$

$$= 2\arctan\left(\frac{\sqrt{1-x^2}+\sqrt{1-y^2}}{x+y}\right)$$

Et sachant que :

$$\cos(a) = \frac{1}{\sqrt{1+\tan^2(a)}} \quad et \quad \tan(2\arctan(a)) = \frac{2a}{1-a^2}$$

D'où :

$$\cos(arccos(x)+arccos(y)) = \frac{1}{\sqrt{1+\tan^2\left(2\arctan\left(\dfrac{\sqrt{1-y^2}+\sqrt{1-x^2}}{x+y}\right)\right)}}$$

$$= \frac{1}{\sqrt{1+\left(\dfrac{2\dfrac{\sqrt{1-y^2}+\sqrt{1-x^2}}{x+y}}{1-\left(\dfrac{\sqrt{1-y^2}+\sqrt{1-x^2}}{x+y}\right)^2}\right)^2}} = \frac{(x+y)^2}{1+xy+\sqrt{(1-x^2)(1-y^2)}} - 1$$

Enfin, on peut construire les demi-triangles rectangles suivants :

$$\begin{cases} x^2 = \left(\dfrac{v}{2}-a_v\right)^2 + h_v^2 \; et \; z^2 = \left(\dfrac{v}{2}+a_v\right)^2 + h_v^2 \rightarrow a_v = \dfrac{z^2-x^2}{2v} \\[2mm] x^2 = \left(\dfrac{u}{2}-a_u\right)^2 + h_u^2 \; et \; y^2 = \left(\dfrac{u}{2}+a_u\right)^2 + h_u^2 \rightarrow a_u = \dfrac{y^2-x^2}{2u} \\[2mm] y^2 = \left(\dfrac{w}{2}-a_w\right)^2 + h_w^2 \; et \; z^2 = \left(\dfrac{w}{2}+a_w\right)^2 + h_w^2 \rightarrow a_w = \dfrac{z^2-y^2}{2w} \end{cases}$$

De plus, en dépliant complètement la brique et en ajoutant un triangle rectangle pour avoir un quadrilatère circonscriptible (pouvant contenir un cercle à l'intérieur), on a les aires suivantes :

$$\begin{cases} A_u = \dfrac{xy}{2} \\ A_v = \dfrac{xz}{2} \\ A_w = \dfrac{yz}{2} \end{cases} \quad et \quad \begin{cases} A_w \dfrac{x^2}{2} = A_u A_v \\ A_v \dfrac{y^2}{2} = A_u A_w \\ A_u \dfrac{z^2}{2} = A_v A_w \end{cases}$$

On a utilisé le fait que le produit deux aires opposées sont égales dans cette construction. Voici une illustration de ce quadrilatère ABCD :

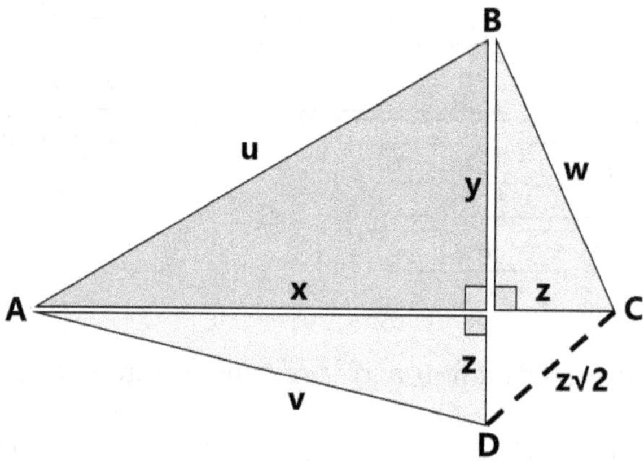


En basculant un des trois triangles rectangles d'un côté vers un autre, on obtient un autre quadrilatère de surface différente mais avec toujours quatre triangles rectangles dont un avec les deux mêmes côtés (x, y ou z) et une hypoténuse multiple de √2. On a ainsi trois configuration ABCD.

Si on rajoute la surface {u,v,w} pour rabattre chacun de ces côtés, on obtient une forme volumétrique appelée tétraèdre.

Son volume vaut :

$$V = \frac{1}{3!} \det \begin{pmatrix} x & u & v & 1 \\ z & v & w & 1 \\ y & u & w & 1 \\ x & y & z & 1 \end{pmatrix}$$

$$V = \frac{1}{1296}\left(v^2(x-y) + y^2(v-w) + u(wy-vx) + uz(v-w) + xz(u-v) + yz(w-u)\right)$$

Visuellement, il suffit de joindre sur la figure ci-dessous les trois triangles rectangles extérieurs sur eux même pour réaliser notre tétraèdre.

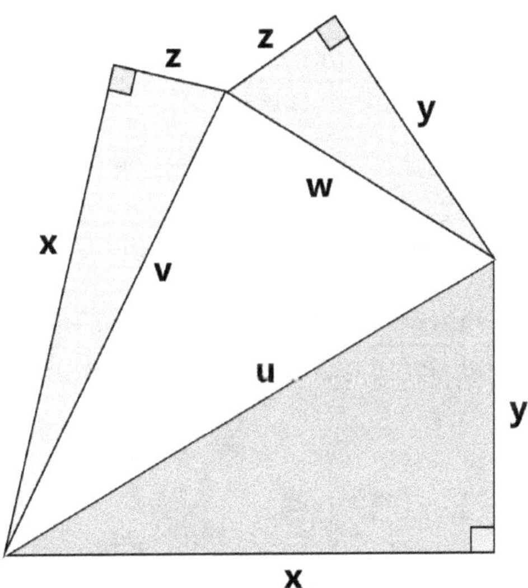


A noter que le triangle de côté {u,v,w} ne peut pas être rectangle. En effet :

$$Si\ w^2 = u^2 + v^2 \rightarrow y^2 + z^2 = 2x^2 + y^2 + z^2 \rightarrow x = 0$$

$$Ou\ si\ v^2 = u^2 + w^2 \rightarrow x^2 + z^2 = 2y^2 + x^2 + z^2 \rightarrow y = 0$$

$$Ou\ si\ u^2 = v^2 + w^2 \rightarrow x^2 + y^2 = 2z^2 + x^2 + y^2 \rightarrow z = 0$$

Peut-il être équilatéral ? Non plus, car :

$$Si\ w = u = v \rightarrow x^2 + y^2 = x^2 + z^2 = y^2 + z^2 \rightarrow x = y = z \rightarrow u = x\sqrt{2} : non\ entier$$

Peut-il être isocèle ? Non plus, car :

$$Si\ w \neq u = v \rightarrow x^2 + y^2 = x^2 + z^2 \rightarrow y = z \rightarrow w = y\sqrt{2} : non\ entier$$

Enfin, le volume cubique de la brique d'Euler permet de trouver :

$$xyz = nm.jrs.\frac{p^2 - q^2}{2} = pq.\frac{m^2 - n^2}{2}.j\frac{r^2 - s^2}{2}$$

$$\rightarrow r^2 - 2s\frac{mn(p^2 - q^2)}{pq(m^2 - n^2)}r - s^2 = 0$$

$$\rightarrow \begin{cases} r = s\dfrac{mn(p^2 - q^2)}{pq(m^2 - n^2)}\left(1 + \sqrt{1 + \left(\dfrac{pq(m^2 - n^2)}{mn(p^2 - q^2)}\right)^2}\right) \\[3em] s = r\dfrac{mn(p^2 - q^2)}{pq(m^2 - n^2)}\left(-1 + \sqrt{1 + \left(\dfrac{pq(m^2 - n^2)}{mn(p^2 - q^2)}\right)^2}\right) \end{cases}$$

D'où, sachant que :

$$\begin{cases} m > n \geq 1 \\ p > q \geq 1 \ et \ mn = pq \\ r > s \geq 1 \end{cases}$$

$$\rightarrow \begin{cases} r = s\dfrac{p^2 - q^2}{m^2 - n^2}\left(1 + \sqrt{1 + \left(\dfrac{m^2 - n^2}{p^2 - q^2}\right)^2}\right) \leq 2s\dfrac{p^2 - q^2}{m^2 - n^2} = s\dfrac{2z}{y} \\[3em] s = r\dfrac{p^2 - q^2}{m^2 - n^2}\left(-1 + \sqrt{1 + \left(\dfrac{m^2 - n^2}{p^2 - q^2}\right)^2}\right) \geq r\dfrac{m^2 - n^2}{2(p^2 - q^2)} = r\dfrac{y}{2z} \end{cases}$$

Ces relations complémentaires nous informent sur les multiples équations que renferment les merveilleuses briques d'Euler via le fameux théorème de Pythagore et ces illustres triplets entiers.

# 4. Perspectives

Si le théorème de Pythagore est bien connu depuis très longtemps, ses triplets entiers ont été découverts plus récemment par Euler. Ainsi, on les connait tous et sous une forme simple. En revanche, les briques primitives d'Euler, appelées aussi cuboïde rationnel ou cube entier, sont toutes effectivement calculables via un algorithme entré dans un ordinateur. Mais, on ne connait pas, s'il existe, une formulation unique qui les décrit tous. Plusieurs formulations remarquables, dont certaines présentés ici, existent. Mais elles ne présentent malheureusement qu'une partie de l'ensemble des solutions.

R.S.
14/03/21

# 5.  Références

Vous trouverez ici quelques références sur le sujet pour aller plus loin :

En Français :
- fr.wikipedia.org/wiki/Triplet_pythagoricien
- villemin.gerard.free.fr/Wwwgvmm/Addition/ThPythag.htm
- fr.wikipedia.org/wiki/Brique_d%27Euler
- villemin.gerard.free.fr/Wwwgvmm/Addition/ThPythBr.htm

En Anglais :
- en.wikipedia.org/wiki/Pythagorean_triple
- mathworld.wolfram.com/PythagoreanTriple.html
- en.wikipedia.org/wiki/Euler_brick
- mathworld.wolfram.com/EulerBrick.html

Liste de toutes les briques d'Euler primitives de côtés inférieurs au milliard :
- www.durangobill.com/Bricksout.txt